JPC

李永銓 口述

增訂版
李永銓的設計七大法則
REBRANDING × CONSUMPTION JUNGLE
TOMMY LI

品牌再生 × 消費森林

張帝莊 林喜兒 撰文

序 冰山的下半段

梁文道

前些年的「毒奶風波」真嚇人，弄得大家一看見國產牛奶便得退避三舍。尤其一家曾經輝煌一時，甚至在香港也有不少捧場客的老牌大廠，圍繞它的醜聞傳説簡直接連不斷，怎麼洗都洗不乾淨。就在寫這篇文章的一個禮拜以前，我偶而在超市發現一款新牛奶，包裝盒上一片藍天綠野，很易令人想起瑞士與紐西蘭，再加上一個十分洋化的名稱，還真能叫一般顧客以為它是舶來品。除非細讀紙盒背面那列密密麻麻的蠅頭小字，否則你是不會發現那個名字的，那個人人熟悉、人人提防的乳業大王的名字。

李永銓向有「品牌醫生」的封號，但我猜要是讓他看見這個例子，他大概也要搖頭嘆息道「沒得救」。而這本書的讀者大概也會感到，那款新瓶舊奶簡直就是這部「品牌課程」的最佳反面教材。

正如李永銓所言，大陸商界的確有股品牌熱。每一本財經雜誌，每一場企業論壇，「品牌」二字皆如咒語般反覆出現，似乎所有企業家都忽然發現，建立品牌才是他們未來該走的康莊大道。然而，我常常發現他們心目中的「品牌」原來就和招牌差不多，是個名字、是個商標，一種符號、一種耀目誘人的表面形象。於是建立品牌基本上就成了一門市場推廣的學問，是錢該放多少的問題，是該找哪一位名人代言的問題了；最後，它當然還是個該找甚麼人來包裝形象的問題。

直到今天，還有這麼多人以為品牌設計就是包裝商品，又以為設計師就該像藝術家一樣發揮創意；愈有創意，設計愈好；設計愈好，產品愈是成功。這不只是無知外行的印象，就連許多唸設計的學生也把自己未來的職業看成是整個工業流程的最後一環，而做好這一環靠的便是自己的工藝技巧以及天馬行空的靈感爆發。

李永銓這部書不只是一個出色設計師的作品大全，也不只是一位成功人士的生涯紀錄，它還是切中時弊的警號。它提醒我們，品牌絕非包裝，而是一家企業靈魂的外在顯象。所以，建立品牌也不能簡單放在所有工序的最末段，它該是項從一開始就要介入企業和產品最核心部份的規劃與改造。你看他做「芳柔」胸圍這個案子，何止於把它的名字改成時尚有型的「bla bla bra」？又何止於繪製一系列青春可愛的圖案造型？不，他給客戶開出的藥方是放棄老少同吃的原有定位，縮窄路線，集中火力專攻青少年，這是道根本徹底的大手術。

由於品牌設計是件這麼複雜的工程，就難怪李永銓要教訓許多新一代的青年學子了。你以為設計品牌就是多看幾本「全球最佳品牌設計 101」這類的書？養成訂閱雜誌逛商場的長期習慣？我讀這本書，印象至深的就是李永銓視野之寬闊，知識結構之龐雜。他每一個成功的決定皆非出自衝動的情感，創意的奔馳；而是冷靜地觀察與細緻地研究。不，並不是說創意不重要，它當是好設計的關鍵；但創意不能無根，它的根應該紮得很深很深。甚麼是創意的根？就看看李永銓的經歷吧，他知道國際經濟格局的變化，曉得中國文化心理的趨勢，正是建立在這樣的認識基礎上，才有「滿記甜品」和「上海錶」的成功案例。

我們看到的品牌，往往是冰山一角，水面下那百分之九十九的龐然大物方是真正要害。建立品牌，醫治品牌，不能只是換個名字改個包裝。不轉變生產牛乳的基礎流程，不下改弦易轍的決心，所有外觀上的機巧也只不過是唬人的把戲而已。李永銓問道：「中國人太急躁了。一萬年太久，只爭朝夕。十年太長，五年也太慢，這種心態下，如何打造不是曇花一現的高級品牌呢？」這個問題恰能說明李永銓是個怎樣的設計師，這又是本甚麼樣子的書，以及一切品牌發展最需要的土壤。

前言　品牌設計所背負的意義

李永銓

半年前與香港三聯書店的李安女士在一次茶敘中談及近年本港關於品牌設計的書刊，當中仍然以日本設計人最為暢銷，而且來來去去也是那兩三個名字，華人名字真的罕有。當然，靳老師的著作猶如久旱甘露，但專注設計層面，至於品牌研究則甚少發表。過去十年，我從設計世界慢慢發展進入品牌打造，市場也由港、日移至中國大陸。有感三地雖都是在亞洲，但文化及市場卻截然不同，故我與李安萌發一個想法，為何不嘗試合作出版一本以品牌設計為主的書，順便也作為近年品牌工作的回顧。這就是本書誕生的緣起。

很多人時常感覺品牌設計師是一種絕對商業的工作，與藝術創作相差萬里，是市場的利益推動者，更甚者是財閥的打手，當然任何品牌打造的工作，不能離開市場（商業環境）。但可否從另一角度去看，正因為是真正的商業市場，更好體現及評審這設計的最後成績及結果，特別是零售市場，當天已可從顧客反應、人流及銷售數字得知結果。如非認真努力地幹下去，甚麼美言巧色也無補於事。數字就是最好的答案。

當然，你可當品牌設計只是一件工作，養家活口的活動。高些層次的以專家自居，以拯救大小品牌為榮，贏些獎項，大家高高興興，不失為名利雙收之途徑，老時更可安享晚年。但有沒有更重要、更有意義的原因支持你（我），更認真面對這個「品牌」工作？在此我想說兩個故事。其實這也不算是故事，是事實。

韓國銀行曾發表其研究日本企業之報告書，當今世上最老的企業品牌，前三位全是日本企業，最老的是飛鳥時代（一千四百年前）創立的大阪建設公司「金剛組」，超過千年的企業共有七家，超過二百年的有三千一百四十六家，而日本調查公司的數據也顯示，超過百年老號也竟達兩萬一千多家。歐洲方面超過二百年歷史的企業最多在德國，但只有八百多家。那麼中國有多少二百年以上的企業？答案是不超過十間，大概也只有五家，最老的是成立於明朝嘉靖年間（約為一五三零年）的六必居，其餘就是以剪刀為業的張小泉，還有陳李濟藥廠、廣州同仁堂及王老吉等。我們以五千年文化為傲之龍的傳人就是餘下這五家超過二百年的老字號。我不知道應該怎樣說，當大家仍然高興地告訴世人，我們的GDP（本地生產總值）是世界第二，中國人終於可以站起來，我們的高端消費量不用多久，就可以追英趕美（基本上已過了英國很久），成為世上高消費族第一大國，但我們的自家品牌，應該說我們珍貴的歷史品牌和企業，已慢慢消失絕跡於自己的國土上。這也怪不得我們只會瘋狂追捧法國或其他意大利品牌，因為我們就是沒有高端品牌。

第二個故事，我想與大家談談 NDC 日本設計中心（Nippon Design Center, Inc.）成立的經過。六十多年前日本在二戰中慘敗，淪為戰敗國，除了要清負那沉重的戰敗國補償費，更要面對戰後整個都市一片荒野之慘況。永井一正老師形容「一無所有」，從這廢墟中由零開始。在五十年代末，一群企業家聯同東西關兩班設計精英建立「日本設計中心」，他們眼見日本經濟已到了非常嚴峻之時刻，他們必須為整個日本未來做點工夫，任務就如當時的口號，「以設計去拯救日本工業」。日本設計的初期就是如此沉重，責任如此巨大，所以在書中也曾說過，「經歷戰爭而仍然生存的人其思想及刻苦精神必比和平時誕生的人堅強及有目標。」由龜倉雄策領導東西兩岸傑出設計師如田中一光、宇野亞喜良、永井一正及杉浦康平等，雖然兩岸文化地位甚有差異，但最終大家為了更大的目標放下成見，與八家公司共同集資組成第一代 NDC。所以當我知道田中一光先生在七十高齡時把一手帶大的「無印良品」交托給原研哉時，就明白這不單只是工作項品的移交，更重要的是要原研哉接棒，薪火相傳。無怪當你欣賞原研哉的作品，看到其嚴格之水平及背後蘊藏之哲學，你才會知道，設計對他而言已非「宴客吃飯」之事，其背負着的正是民族設計之將來。反之我們的設計協會就缺少了這種承擔，一切也來得輕鬆寫意。

我為甚麼要將這兩個關於日本的故事放在前言。「五毛者」可能已經罵我是哈日一派，但說真的，我就是擔心我們中國未來設計情況，才拿這兩個故事作開始。我怕的就是最後連這五家百年老號也消失，我怕的就是我們太急躁，只顧賺活口，我怕的是設計有一天在中國的地位及影響力等同工廠裏的勞工，低薪、長時間工作，卻不被客戶尊重，不被同業稱讚，本來可以擁有滿足感、幸福感的工作，一下子從天堂打至地獄。我曾經對一群剛畢業的設計學子說，能夠找到一份喜愛又有滿足感的工作，已經是一種成功，不需要贏獎連連，或被萬人崇拜才是成功，因為設計人成功除了先天資聰及後天努力，更要運氣。雖然我很討厭「運氣」二字，但人生誰不需要這張天上的皇牌？

今天還未到瑪雅人預言的末日，但研究及觀察現今時局及市場，我絕對相信嚴峻的日子即將來臨，甚麼人也不能獨善其身，設計歷史告訴我們，大時代確能帶動設計成長，我們已經看到中國設計的成長，但過去十年國人的設計地位及影響力好像停步不前。每次奧運必能帶起一番設計熱，無論是平面、建築或廣告均如是。但反觀北京奧運創作人見報最多及市民認識到的只有張藝謀，背後設計團隊及精英未有得到大家充份認識及尊重。大家便會明白中國設計人在中國的地位還遠遠落後於西方國家。如今經濟時局可能有所劇變，設計人更要居安思危，月有圓缺，就算是最好的日子也會有終結的一天，可能那時大家才會重新看待設計這個花花名字。

最後，我想提提行業的老化問題，這個普遍情況我要特別指向香港的電影、出版、音樂，甚至乎我們的設計界，新人出頭的機會越來越困難，雖然涉及原因與社會境及政治情況均有關係，但我們必須明白下一代的發展將做就這個行業將來的命運，前英國首相戴卓爾夫人的爸爸在一次演説中提及社會應當推動開發每個人民潛力的機會，尤其是年輕一代。我們更應鼓勵自己的孩子，立志超越我輩之成就。皆因今日之孩童或許是明日之領袖，如果大家認為這一代已經是這個行業之最高峰時代（人才或市場），這就是說明天就是下坡的年代，我們不能有更好的創作人才，整個行業也到了日落黃昏的處境。我們今天的成就就是因為不斷超越昨天，人類進化進步的歷史才有機會延續下去，否則我們只可認命地迎接那黑暗地獄之來臨。

過去十年，我從設計轉營品牌事項，除了市場大勢所趨外，我更希望能以「設計去保護現有品牌」為己任，品牌是否有百年生命，我當然無法估計，但希望廿年、五十年後，部份我曾經參與的品牌仍然存在世上，我已心滿意足，一切事情都是從小起始，也由你開始，大家加油吧！

這書能夠面世，當然要多謝以下的每一位：

張帝莊先生，每天早上我們對談三小時，晚上他還要把聲音轉為文字，如果沒有耐力及冷靜，就是超人也會崩潰，謝謝。

梁文道先生，他辛辣的文字與對國情的通透看法永遠令我折服，感謝他百忙之中抽空閱讀此書，並為此書賜序。

李安女士，任何相識也是緣分，特別是碰到概念相同而志同道合的更難，奔波兩地的女超人，謝謝。

卓，做我的設計案子必是超人，忍耐力，有理想，要求極高。眼見你的成長，只要時間慢慢延續，你將會以另一個境界出現，謝謝。

TINKY 及編輯 CHELY，這兩位年輕的女士，由此書籌劃開始至最後一秒的互相合作與照料，再次多謝。

最重要的是多謝曾經參與過書中及李永銓設計廔之所有設計項目的人，沒有你們每一位的付出及努力，所有事情皆變得沒有意義，雖然大家的經歷都有喜有悲，畢竟這是人生的一部份。就算是最壞的時刻，也要做個有良心的設計人，共勉。

增訂版再版前言

李永銓

《消費森林》初版至今已數載，二版、國內版、增訂版，現在增訂再出第二版，在此向各讀者，三聯編輯部上下包括李安、莊櫻妮、寧礎鋒，撰文的張帝莊、林喜兒，設計師胡卓斌、關璞如、姚國豪，李永銓設計廔的 Fish 及 Daniel，當然還有從一開始作統籌的 Tinky 致謝！

這一年比我想像來得快、狠，心情久久未能平靜，社會運動、中美貿易戰、今天還未完結之疫症！不想長篇大論說教，在品牌工作崗位上已歷廿載，原來品牌與人、社會、國家如出一轍。國有國格，人有人格，商品也有其品格，不在於你多好多強，最重要的，你是否一誠實品牌，優質其次，因為連信任也不能建立，一切都是浮雲。今天西方經濟師作疫後評估，世界總 GDP 之損失將會超過一、二次大戰，這已不是一場普通疫症，是人類另類之戰爭史，不同的就是發生在當下我們這一代中。

疫情始終有完結的一天，我們也要面對疫後檢討，少說一些漂亮的說話，實事求是，旁門左道的日子已經過去，誠實面對自身問題才是正道。雖然我對現實充滿悲觀，但這是我一路行來的危機感所言，再次選擇應行之路，要擴張的，要退守的，要移民的，遵照自己的良心及直覺，幸運或不幸，視乎的不是你的決定，是誠實自問。

目錄

photo by「自由落體」攝影——鄭鼎

TOMMY LI

生命就是 Let it flow —— 從駐日記者到品牌設計師

設計師應該有 guts。

以品牌設計、Visual Branding 見稱的李永銓（Tommy Li），被稱為設計界的「壞孩子」，他的作品充滿爆炸性和黑色幽默。他言論直率，設計方案每次提出，總是令客戶措手不及。他從來不怕未知的事物，認為充滿未知數才是人生精彩之處。

當全世界都在這樣做的時候……

當全世界都在談論買甚麼股票的時候，就是我們撒手離場的時候；當全世界都害怕的時候，就是我們應該勇敢的時候。

李永銓是家中老二，自小充滿反叛性格。一九八九年「天安門事件」之後，香港許多人選擇移民，離開香港，他決定留下來，翌年成立自己的設計公司。沒有甚麼部署、長遠人生規劃，只是覺得需要這樣做。那時候，他沒有很大的名氣、連一個全職職員也沒有，手上客戶少之又少……「百無」狀態下，他展開了事業第一頁。

若要計算他的「衝動」往績，便要由他大學畢業數起。一九六零年出生的李永銓，在理工畢業後不久，曾隻身一人到日本全職為香港文字媒體撰寫專欄。那時候，他二十歲左右，第一次去日本，連日語也不懂得説。

那時李永銓在香港一份雜誌兼職撰寫專欄，剛巧老總説，要找人到日本長期觀察日本年輕普及文化專題，這個人要對音樂、話劇、電影、潮流品牌和設計有認識，而且要懂日文。雜誌社內人人想去，因為那時候香港以至整個亞洲都受日本潮流文化影響。對讀設計的人來説，到日本這個潮流文化中心，就跟伊斯蘭教徒到聖城麥加朝聖一樣非去不可。李永銓最後爭取成功，雖然不懂日文，但對潮流文化，他每一樣都十分熟悉，而且滿腔熱誠，充滿幹勁。

編輯問他是不是可盡快去日本，他回家通告了一聲，第二天對編輯說可以去了。接着不足一星期，他就已經飛到了日本。那之前，他「臨急抱佛腳」，瘋狂啃了一堆學習日語的書籍，但會話能力也只到達跟人打招呼的程度。整件事決定得很倉促，香港的朋友問他是不是要到日本旅行，他回答說，不是，是要去日本工作。認識李永銓的人，都知道他做事憑直覺，儘管也有計劃和盤算，但並非要確定萬無一失才做一件事。「我不需要九成機會，我只需要五成機會就會去做，有時四成也可以。」李永銓說：「事情不必太過計算，因為即使有周全計劃，到最後也會受各種因素變化而影響了結果。」

在日本遭到男性滋擾

這麼多年來，李永銓都是這樣，有值博率就下手了。「好像賽馬，有匹必勝的馬，大熱，可是賠率零點零零零一，一千元只能贏一元，這樣值得投注下去嗎？當然，一隻跛腳的大冷馬，賠率九百九十九倍，我也不會下注。我的策略是，如果不是絕不可行，我覺得自己能應付的，就上馬了，無論是我到日本採訪、後來做電影美術指導、搞雜誌、搞網台，我都是這樣，別人以為我有計劃和長遠部署，其實我只有基本的想法，我做事的安全係數在一個可接受的範圍內就可以，安全係數不必很高很高。」

到日本的第一天，一下飛機，他就錯失了車站最後一班火車，時值夜深，他連落腳的旅館也找不着。由於不諳日語，用英語問路，途人竟然嚇得跑掉。那天，李永銓穿了一件在香港怕引人注目而不敢穿的粉紅大衣，像一隻「傻豹」那樣彷徨地在日本街頭問路。李永銓看到一個外表斯文的男士，於是上前問路，對方稍懂一些英語，打量了他一下，隨即異常親熱地領路，還主動幫忙推行李。走着走着，李永銓突然發現路向不對，對方解釋，時間太晚，旅館太遠，車站又已關門，去不了，不如到我家留宿。李永銓一瞧對方那曖昧的神情，想起自己正穿着一件「誘人」的粉紅大衣，心知不妙。他最初有點害怕，隨即變得十分生氣，要拿回自己的行李，對方不給，於是日本深宵街頭上演着一幕兩個男人互搶行李的好戲。李永銓跟對方說，自己有朋友正好住在日本，不必對方幫忙。一把搶過自己的行李，找到一個公眾電話亭。他有幾個以前在香港讀設計的同學在日本可聯絡，他翻開電話簿，打給第一個朋友，原來對方住在廣島，不是東京。他瞧一下還在電話亭外等候的男士，馬上打第二個電話，終於找到一個幾年沒有通訊的香港女同學。那男士失望地與李永銓道別，還留下了聯絡字條。

那時已經很晚，但那女同學還是趕來把李永銓接到自己住的地方，那是一個專接待台灣、香港、韓國留學生的女子宿舍。那女同學向屋主求情，說李永銓是來介紹日本文化的香港人，希望可以通融，讓他在那裏住下來。

「人生就是這樣，我沒有想過，一周前還在香港，一周後已飛到日本工作，也沒有想過，好幾年沒見面的女同學，給了他最大的幫助，也沒有想過，自己住進了女子宿舍。」他更沒有想過的是，雜誌同事交給他的二十多個日本採訪聯絡電話，全是「虛構」的。

但李永銓認為，路總是人走出來的，這個世界每天都充滿令人驚奇的事。日本的經歷，跟李永銓當時初生之犢不畏虎有關。「做創作人，如果保守，不敢走出第一步，是難以生存的。」他說：「年輕時男性睪丸素高，做事衝動，到年紀漸大，相應就會變得小心。」

搞靜坐罷課 燒掉老師的假人像

對於「外向型」性格的李永銓而言，人生之路，向左走，或向右走，每一條路徑等着他的，都是截然不同的風景，可以帶他到達之前難以想像的地方，這才是人生精彩之處。「如果一早知道結果，人生就不需要『勇氣』這兩個字。你要做的，就只是坐在這裏，等明天的陽光降臨，這樣的成功只靠運氣不必靠勇氣，成功又有甚麼意思？能夠不靠命運安排，能夠面對未來不能確定的處境，這種以勇氣換取的成功，才是每一個人所需要的。」

為甚麼戰爭期間出生的人最厲害？李永銓說，那是因為他們連死亡也經歷過，他們自然生出一種勇氣，可以在戰後刻苦奮進；相反，盛世中出生的一代，從沒有受過痛苦的考驗，做事就會變得膽小怯懦。

別人問李永銓膽子為甚麼那麼大，他說，這是因為他不怕輸。

還是設計學生時，花最多時間的，不是功課，而是擔任學生會主席。他做了兩年主席，是搞事份子。除了社會運動，還搞罷課，抗議老師規定同學要使用昂貴的物料做功課。罷課靜坐的高潮是，他們用垃圾堆製作了一個代表老師的人像，然後一把火將人像燒了。結果校方報警。「那時是火熱年代，每一件事都按捺不住。」當時一心想搞罷課，大不了是退學，對當時已有多份兼職的李永銓而言，即使出現這樣的後果，也根本稱不上嚴重。

「塞翁失馬，焉知非福。只要我還有生命就可以，失去了A，怎知道不會因此而得到B呢？人生不會一無所有。你說沒有，其實你只是還沒找到。」

李永銓找不到旅館，但是找到女生宿舍；他的日本聯絡名單全錯，但他沒有投訴編輯，然後打道回府，他選擇留在日本，用自己的方法找到許多日本名人接受訪問。「沒有橙，但你可能得到蘋果。」

他說自己是一種「愈挫愈勇，遇強愈強」的人，因為人生除了勇氣，還需要鬥心。人生如果只為吃兩口飯，這樣的人生並不適合他。「我年少時看的是海明威、三島由紀夫[1]，我發現自己一點也不害怕死亡，覺得死亡沒有甚麼大不了，人生如同頑童手上的蒼蠅，很多事情自己操控不了，所以不要把自己的生命看得那麼了不起。不可迴避的事實是，每個人一生下來，每天都在向死亡邁進，每天的生命都在遞減。人的最終歸宿一樣，結果都是死亡，殊途同歸，那麼人生是為了甚麼？我年紀很小的時候，已覺得做人沒有意義。可是，我後來發覺，人雖然都會死，但如果人死前做的事是有意思的話，人生就可以充滿意義。」

那時在日本，李永銓寫了六個月稿，由最初人生路不熟，到後來認識了許多朋友。即使一些高難度訪問，他也做到了。他經常告訴自己：為甚麼要害怕呢？如果對方是大名人，我從未見過他，我去他家敲門，進不去，結果不就是「從未見過他」嗎？這樣和之前根本一樣，沒有甚麼損失可言，那還怕甚麼？

於是，他採訪了小林克也、坂本龍一，也採訪了「女子大生」（做援交的大學女生），採訪了日本的黑社會。「我當時心想，為甚麼不去試一下，反正

1 —— 三島由紀夫（1925 – 1970），日本戰後享負盛名的小說家，右翼思想狂熱份子，代表作為《金閣寺》。一九七零年，帶同四名追隨者，在日本自衛廳「死諫」，要求廢除自衛隊，重建日本武裝力量，他隨即採用了古代日本武士的切腹和斬首的方式自殺，事件驚動了世界。

從來未見過、未做過，為甚麼不一開始就去做名氣最大的人呢？在我字典裏沒有難和易這兩個字，只有做得到，或是做不到。即使是全日本最重要的音樂教父，我也不害怕找他，我也會想盡辦法找他。除非他不是地球人，他住在火星，但是，大家都住在東京嘛。世上有很多事，表面很困難，但不會困難到你做不到。」

他的理論是：五十幾樓，你叫我跳下來，我一定死，一定做不到。可是我可以從地下跳上五十幾樓，只不過我要逐級樓梯跳，時間雖然長一點，但是一定做得到。

擁有熱氣球般的勇氣

李永銓早年做過電影美術指導，參與電影包括鄧光榮主演的《怒拔太陽旗》（1983）及鄧的其他江湖電影。他見識到現實中極黑和極白的世界，結識到本來在他生活圈子以外的人，使「決心要做自己覺得有意思的事」這一信念更為堅定。「我沒有想過要發達，我開自己的設計公司，只是想做一份非常愉快的工作。」

八十年代中，他全身投入設計行業，九零年自立門戶。他自言自己是一個一心多用的人，習慣同時做幾件事情，讀設計時，既學畫畫，又學電影，還做學生會主席。他開玩笑說：「如果我跟人下棋，我一定是同一時間應付三盤棋的人。」

多元發展並無問題，但他最終選擇把主力放在設計。雖然曾經跳槽，但他的老闆、上司都成了他今後的朋友。二十多年後，最近舊老闆六十歲生日，李永銓還專程跑去賀壽。

一九八九年，香港一百五十萬人遊行，那時刻，一直受港英殖民地教育的他，忽然發現大部份香港人很愛國。他決定在一些人移民離開的時候，留下來，因為他相信中國未來會發展得更好。他買了房子，以「前舖後居」方式開展自己的設計事業，請了一個讀設計的學生兼職幫忙。一九九零年，踏入而立之年，李永銓說這是他人生新的一頁，他開始思考「我是誰」的問題。

「九七回歸」的不確定性，反而讓他產生熱氣球般的勇氣，繼續走自己未知之路。「我的性格就是這樣，當初我在日本發現編輯給我的採訪聯絡都是錯的，我可以躲在房內哭半天，然後明天乘飛機回香港，可是我反而更下定決心，要自己找到日本最有影響力的人做訪問。我創立自己公司的時候，我也不知道會否成功，可是就是因為不知道，我才更加想去嘗試。」

創業初期，所接的委託「量少價低」，前景迷濛，但那沒所謂，李永銓認為，人生就是要「Let it flow」（讓它自己流動）。

最初開公司，就是為了可以選擇自己喜歡和有意思的工作，過了一段時間，錢賺得不算多，但是作品反響大，公司開始成形。很快李永銓的公司就吸納了一批大客戶，包括後來香港電訊的 one2free 和 1O1O。總有人問他是否順風順水，他說，一間小公司，問題多不勝數，大小危機紛至沓來，隨時面臨滅頂之災。只是對於處理問題，李永銓一向處變不驚，「有問題就總有解決辦法吧。」

我反戰 但不反日

九三年他簽了一個日本經理人，接受日本委託做設計，作品包括 Juliana's Tokyo，那是日本當時最大的 Disco，引領着整個 Disco 潮流，而李永銓，更是唯一一位受委託設計日本城市市徽的中國籍設計師。當時鮮少能在香港與日本雙線發展的香港設計師，但李永銓對日本的感覺卻總是有些糾結。雖然他自小受日本潮流文化影響，但另一方面，自己上一代飽受日本侵華傷害，在學生時代也跟着老師參加過保衛釣魚台示威。

李永銓說：「任何戰爭，即使是知識分子，也會變成惡魔，做盡可怕至極的行為。戰爭令人性的邪惡面完全暴露了出來。屠殺這種暴行出現，不是因為對方是日本人，或是德國人，或是美國人，或是中國人，而是因為戰爭。戰爭荒謬的地方就是，集體謀殺不僅變成合法，有時還會得到嘉獎。對現代文明而言，這完全是反邏輯、反社會、反道德的。」

我們不應仇恨戰事，而是應該反對侵略戰爭。

有了這個想法，他開始釋懷，懂得心平氣和欣賞一個民族優美的一面。

「我看了愈來愈多關於中國和日本歷史的書，我沒有以前那麼反社會，反而會用不同角度去看一個國家和民族。我看這些東西，不是因為關乎設計，而是因為關乎做人。」

設計課程的最後一課——設計公司生存的五個元素

FIVE KEYS TO
MAINTAINING A DESIGN HOUSE

一般人以為，設計公司最重要的生存條件，是良好的設計方案，以及跟客戶溝通的能力。

可是，這兩個因素，並不是設計公司生存的全部要素。

設計課程的教室內永遠都有一班年輕人懷着對設計的憧憬，來到這裏，學習種種有關設計的理論和實務。課程的最後一課，通常會出現一個平頭裝、圓眼鏡、眼神狡黠的男人。

那個男人就是李永銓，他講的題目是：設計公司的五個生存元素。

首先，你一定要有設計能力。無論你創辦設計公司的理由是甚麼，想揚名也好，自己過癮也好，你首先必須擁有的，就是設計能力。不過，你也不要把設計能力看得太高，對一間要在市場上生存的設計公司來說，設計能力只佔生存要素的小部份。這是一間設計公司成功的必需條件，而非成功的絕對條件，就好像一個講師一定不可以是啞巴，但不代表你能說話，就可以做講師。

設計能力最常體現於你能否拿到設計獎項，不過，大家要謹記一點，設計是有時間性的，你今年有一個很好的設計，不代表你明年的設計一樣好，你可以一夜成名，但同時可以無以為繼。一個設計師在兩年內再無好的作品出現，外界慢慢就會忘記你。人家碰面，稱讚你，只是禮貌，實際上他們心中已給你另一個評分。

所以，設計能力並非永遠存在，今天有，不代表明天有。

而且設計能力每人不同，每個人都有不同的優勢和弱勢，沒有人可以是全能的。所以我們要擇友而補其不足。我們組成一個團隊，有擅長空間設計，有擅長平面設計，也有人可能專精於字體。

香港首富李嘉誠最擅長的不是靠自己賺大錢，而是懂得用人，懂得利用

別人的長處來置富。李嘉誠過去用馬世民、今天用霍建寧，他用的人都是一流的精英人才。一間失敗的公司最大原因就是不懂得知人善任。劉備成功，因為他身邊盡是願意為他而死的將才。

設計公司尤其需要大量精英，如果一間公司只靠 Tommy Li，這公司的發展絕對有限，無論一個人自命設計能力多麼優秀，這間公司仍然需要吸納其他新血，我自己就是經常向我的年輕同事學習。一間公司不能只靠一個人，必須讓每個人都能發揮專長，讓每個人找到適合他的崗位。

設計能力只是其中一種能力，若同事設計能力不足，但精於管理，這個人也是人才，對公司也會發揮重大貢獻。

設計行業無疑充滿個人色彩，每個人都會擁有自己的設計風格，可是，奧地利裔美籍設計師施德明（Stefan Sagmeister）說，style is fart（風格就是放屁），他的意思不是說不要風格，而是說，不要給自己所定的風格限制創作空間，明明有更好的意念，為甚麼要因為風格而受限制呢？我們要強調的是打破成規和慣性，因為你接觸的客戶是十分多元化的，你的手法又怎能夠不因應客戶需要而改變呢？設計能力，絕對同時包括適應能力，要適應時代變化，也要跟隨客戶所處環境而變化。

三十年前世界最頂尖的作品，三十年後慘不忍睹。除了一、兩件大師級經典作品，大部份頂尖的設計，都經受不住時間考驗。如果你只有一種風格，只有一種顧客，你的設計停留在今天而不是立足於未來，即使你今天的設計能力多麼出色，也注定你很快會以失敗告終。

內部管理

一間公司的內部管理，或稱團隊管理，是公司生存的重要元素。設計人絕對是習慣採用右腦思考的人，感性、有創意，但對管理和數字感到恐懼。設計公司的年輕創業者（通常也是設計師），可能擅長創作點子，但可能並不擅長管理。

國內設計公司的員工，近年流失得極快，很多員工做不足兩年就離開了。這反映現代中國人的急躁，他們要在最短時間內，學到最多東西，用最短時間讓自己成為老闆。對他們來說，這樣做無可厚非，因為打工收入跟開公司做老闆的收入相差太遠（假如公司成功的話），而且中國人相信「工字不出頭」。但流失率高，最大問題可能源於公司自身，為甚麼員工走得那麼快？為甚麼人才總是留不住？

即使一個有能力的公司，可是假如公司內部人事轉變太快，兩、三年內，主要員工全部換掉的話，這間公司的設計水平就會出現很大波動。如果一架法拉利不斷換車輪，法拉利想快也快不了。如果一家公司不停轉換人手，那

麼這家公司即使經過三十年，仍會是一間沒有向心力的新公司。

人工偏低可能是員工流失的一個原因，有些老闆請人，故意壓低你的工資，而且擺着一副「我們公司讓你進來你求之不得啦」的嘴臉。市價或以上的工資絕對可以減少人才流失，可是人工並不是讓員工考慮離開的唯一原因。

能令員工留下來的，最重要的是滿足感和存在價值。一間公司最常犯的錯誤，就是不肯讓員工盡情發揮。我以前剛開自己公司時，也不懂得放手，直至近年，我才知道，應該讓員工發揮他們自己的能力，我只擔當一個指引的角色。如果他自己發揮不出水準，他自己會知難而退，離開這個行業，因為他找不到滿足感及存在價值。可是，一個本來就有實力的員工，你必須讓他覺得自己有存在價值，而且他的這種滿足感可以一直延續下去。這樣一個員工才會對公司產生歸屬感，才會對身為這間公司的團隊成員而感到驕傲。否則，一個人才最終還是會選擇離開。

放手讓年輕設計師發揮，對公司和員工本身都有好處，因為自由空間永遠是大家追求的環境。很多人離鄉別井，選擇移民，不是因為要吃得更好或住得更好，而是因為那個地方有他想要的自由。

每一間公司的文化不同，我採用尊重對方是成年人的方法，沒有打卡簽到，但要求對方一定要準時交貨。這行業不能計算工時，因為做一份稿，剪接一部影片，所用時間，可長可短，但是質素高低才是最重要的，規定每天工作若干小時，沒有意思，因為如果他用心做，他自然會拿出最好的東西，相反，他不認真做，多做幾個小時，出來的效果也可以很差。

當然，我的公司也有員工離開，值得慶幸的是，我們都沒有因此反目，仍然是好朋友，遇到適合的項目，一樣會找他們幫手，我仍然視他們為伙伴，只是合作形式從月薪變成 freelance 形式、逐項計算而已。

一間設計公司設計能力慢慢進步，開始成形的時候，主事人就要好好考慮，如何避免員工流失，以及如何凝聚公司的向心力。當然其中一個考慮辦法是讓有能力的員工成為公司的 partner（合夥人）。將公司股份釋出，可以讓公司的團隊更穩定。設計行業是一個「人一走，茶就涼」的行業，是一個以人為中心的行業，因此人才就是公司的一部份，不能隨便捨棄。把股權分出，你可能只是切走一些樹幹，得到的卻可能是一座森林。

Q

很多人都認同演示技巧（presentation skill）重要，但可能仍然低估了其重要程度。又或者，很多人知道這很重要，卻不知道如何提升自己的技巧。有人以為這是天生的，有人認為這跟經驗有關，當然，天份或者後天取得的經驗，會有一定幫助，但真正重要的是這兩個字：知識。

一個擁有知識的人，跟一個沒有知識的人，其中一個差別就是前者說話時，用字更為精準。梁文道做節目主持，言詞達意，論理清晰，順手拈來古今事例，是因為豐富的知識是溝通的最佳養份。

世界上最偉大的想法，如果不能成功表達出來，結果都會在世界上消失。一間品牌公司的經理要參加一次賽前簡介，爭取一個重要客戶支持，臨行前他喝酒喝得半醉，把酒杯也打爛了，他用布把玻璃碎撿起，逕自走到簡介會場，他的隨行助手很是擔心。不料，簡介會上，那經理利用玻璃碎這個道具做了一個十分精彩的演示，最後贏得客戶的合約。隨行的助手對經理說：「真是幸運，如果不是你打破了酒杯，我們就贏不了客戶。」經理說：「玻璃碎只是我隨手拿來的例子，如果沒有玻璃碎，而是一張白紙，我也一樣能成功演示我們的策略。」這個故事的重點是，所謂口才，其實來自信心，而信心則來自智慧，而智慧來自知識。為甚麼丘吉爾、彭定康隨時都能發表演說，舉重若輕，那是因為他們有源自知識的自信。

知識對設計人的演示能力十分重要，卻被許多人忽略。知識的來源主要是書本。當然，有人說，我們可以透過電視頻道，例如歷史文化紀錄片，汲取知識，可是，那些透過影像和聲音得到的知識，只能停留在大腦皮層，不能像閱讀文字那樣深入大腦，經過消化沉澱，形成堅實的知識。一條熱狗，比起我們的正餐，難道竟有相同的營養價值？看一齣《文藝復興》紀錄片所得到的知識，難道及得上一本六十萬字的書？當我們要採用一個最精準、最有效的字詞時，平時透過書本得到的知識就會自動發揮作用。現代人喜歡說：「你真的太那個了！」說來說去，「那個」究竟是甚麼卻說不上來。這就是因為少看書，所以知識和詞彙都十分貧乏。

我自小喜歡看書，對任何知識都十分有興趣。音樂口味亦十分廣闊，從heavy metal、punk rock、死亡音樂，到電影配樂，而電影配樂又必然包含古典音樂和爵士音樂。每一種音樂，包括我後來因工作而接觸的跳舞音樂，都有美不勝收的好作品在內，當然，每種音樂類別也有爛東西存有，即使連古典交響樂也不例外。看書方面我更繁雜了，風水、易經、歷史、傳記、哲學、小說、連販賣三毫子廉價文化的暢銷書籍也不放過。

演示時的說服力，最大來源是知識。如果做品牌設計，你不能掌握大量數據，是很難說服客戶的。這也是為甚麼我近年大量翻看經濟類別書籍的原因。當然，我看這些書，不純粹為了工作，主要是因為愈看愈有味道。這些經濟書所描述的世界，跟我現在接觸到的客戶遇到的情形一樣，兩者完全可以互相呼應。

除了看書，在演示的世界，你永遠要採取主動。採取主動的好處是，你可以輕易將別人拋給你的難題化解。例如有一個你對她頗有好感的女生忽然當着一大班人面前問你：「如果我嫁給你，你會向我求婚嗎？」這其實是一個兩難處境，如果你說不會，可能白白丟失了發展機會，可是如果答「會啊」，對方可能在眾人面前嘲笑你說：「傻仔，我開玩笑罷了，你當我真的會嫁給你嗎？」破解方法就是化被動為主動，反問對方：「如果我真的向你求婚，你會嫁給我嗎？」

在演示的場合，你必須一直站在主動位置，才有機會控制大局；相反，立於被動，只會被客戶拉着鼻子走，慢慢連客戶也會覺得你愈來愈不重要。臨場應變當然十分重要，但那種鎮得住場面的感覺，主要也是來自擁有大量知識而產生的信心。

有的人天生聰明，演示時的頭五分鐘無懈可擊，可是一到第六分鐘，就再沒東西可以拿出來了，馬上露了餡。如果簡介會只有一次，又只有五分鐘，你可以騙倒別人，可是一講到要建立長期關係，這種水平就站不住腳了。

近年香港人北上公幹較多，可是，對中國認識的匱乏，往往使自己陷於不利位置。今天還是有很多香港人只將中國分成南北兩部份，以為南方人如何如何，北方人如何如何，其實整個大陸是細分成許多不同文化的市場，並不能籠統以南北劃分。譬如湖北人，就有「天上九頭鳥，地下湖北佬」的稱號，因為湖北人地處九省之中，最懂得與人相處，但也被別人視為最滑頭。而我們最不應跟他們吵架的是湖南人，因為這是一個武將輩出的地方，每個男人都很勇悍，偏偏湖南女子又十分多情。每次見成都人，見北京人，見上海人，他們的文化差異都很大，那種分別之大，就好像你到了另外一個國家。跟北京人吃飯，聊的話題，就是歷史、黨史，在那裏，每個 CEO 都有關於黨政的第一手消息，如果你不熟悉中國現代史，跟他們吃飯，完全搭不上話，結果只有變成「三陪」，跟他們談話，最痛快的是，他們懂得多，你懂得比他們更多，例如你能說出，林彪出事前最後一天，周恩來跟他講了些甚麼，那樣的飯局就會很精彩。

我們每開拓一個新市場，首先都要看大量關於當地歷史、時事、文化和經濟的書籍，如果連一個地方的基本知識也沒有，我們又怎能征服這個地方的市場呢？朋友問，那麼豈不是很「麻煩」？當然，你可以覺得這是一種「麻煩」、痛苦和負擔，但站在我的角度，這又何嘗不是一個學習的良機和一種樂趣？就好像看書，有人覺得每星期看一本書是一種壓力，但是我每天看書，卻是樂趣。

如果你把追求知識和看書，當成樂趣，那麼你的演示能力將來也會因此而大幅提升，聽你説話的人，如沐春風，原因是你已經是個很好的説故事人。

設計能力和演示能力，是兩種相輔相成的能力。一個設計無論多麼精彩，如果無法在市場上實施，那個設計就白費了，而要讓設計通向市場，首先你得用良好的表達技巧，讓有關設計取得客戶認可。如果你的水龍頭壞了，水源再豐富，你仍然連一滴水也喝不到。表達技巧，可以 make it more easy（讓事情更好辦）。

在這方面，女性設計師可能處於劣勢，因為北京企業 CEO 喜歡在飯桌上大發議論的政治、經濟、體育、名車和名錶等話題，大部份女士可能都缺乏興趣。

香港的教育，其實應該自小擴闊孩子的興趣和訓練説話技巧，因為這對他們將來無論從事任何工作都有很大幫助。荷蘭的小學生，自小訓練要當眾講笑話。在香港，我建議小孩需要訓練成能分別用廣東話、普通話和英語講笑話。笑話內容並不重要，説話態度才是關鍵，同一個笑話，不同人講的效果當然大有分別。

只有地舖茶餐廳，才會有街邊客在飢腸轆轆之際闖進來光顧。設計公司，跟會計師行、律師行、建築師行和醫生一樣，客戶很少不請自來，客戶的來源，只能靠口碑或者靠自己宣傳。

以前的宣傳方法是：參加重要比賽希望獲獎增加知名度；參加展覽和路演；找傳媒訪問自己。可是，這些二、三十年前有效的方法，今天已顯得不合時宜。三十年前的設計獎項尚有公信力和權威性，可是今天因為太多獎項（包括部份參賽費特別昂貴的獎項）而變得貶值，就好像三十年前的香港小姐不可與今天的香港小姐同日而語一樣。時代變了，今天獎項氾濫，客戶根本分不清哪些是大獎，他們找你不是因為你的設計獲獎，而是相信你設計能助他們銷售產品，這跟你是否拿獎無關。

至於參加展覽，效用亦不大，行內的展覽，參觀者多為行內人，只有交流作用而無宣傳作用，政府的展覽，參展單位太多，浮光掠影，宣傳作用也不大。再論及傳媒訪問，讀者人數限於一個區域，潛在客戶看到報道的數量不會太多。

說了這許多，其實想說明一點，那就是在今天的e世代，設計公司宣傳的方法，也要跟隨時代而變得多樣化。要透過公關宣傳，要透過互聯網，也要透

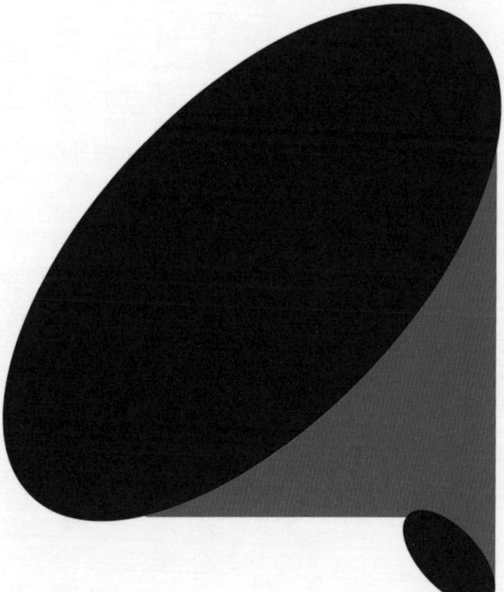

過出版，用不同的方法配合一起運用。宣傳自己公司時，重點是突出自己的優勢，定期通過任何手段，在電視、電台或者公關渠道，宣傳自己最新推出的佳作，這些佳作最好能呈現設計公司的獨特個性。

很多同業在宣傳自家公司時，只會告訴別人我是設計師，擁有專業團隊，會盡心盡力地為每個客戶度身服務。說真的，哪間公司不專業，不是盡心盡力地幹？我們必須長年累月，透過各種方法，告訴別人「我是誰」。現在行內人一提起 Tommy Li 都知道我主力做零售品牌設計，而且做的是 Visual Branding（視覺品牌策略）[1]，強調自己的優勢和個性，別人才能記得你。

1 —— Visual Branding 是品牌設計策略一項專門視覺技術，意思是利用特定的顏色、形狀、字體、質料等各種視覺設計元素，安置在產品、標誌、包裝和店內裝修，構成一種強烈而且持續的形象和風格，直接或間接傳遞該品牌的價值和個性，從而加強消費者對該品牌的印象。

許多設計公司以上四項都做得好好，有設計能力，取得很多客戶，公司管理也沒有問題，最後卻倒閉了。為甚麼？答案就是財務控制出現了問題。我親眼目睹很多優秀的設計公司不是破產就是被人收購，這些公司經營多年，辦得有聲有色，最後卻栽在「周轉不靈，結束營業」這幾個古老的大字下面。

設計人作為右腦思維人，應該有一套財務控制的意識，如果自己不行，就需要找一個專人負責管理財務。古往今來，不知多少業務蒸蒸日上的公司，結果都因為財務管理不善而結業。強如美高梅的大公司，也倒下去了，何況許多中小企業？

解決辦法是，持續監察自己的財務數據，而且及早準備好應變計劃。世界上每天也有病菌存在，因此公司不可能永遠不生病。既如此，一旦急病發作，你是否已準備好應對措施？我敢說，今天絕大部份設計公司都沒有這個財務應急計劃。

一家公司突然缺錢，這種情況經常會出現。原因包括：一、客戶走數，即客戶沒有如期支付款項；二、特殊支出，突如其來的意外、電腦全部壞掉要馬上更新，客戶突然因各種原因起訴設計公司等等；三、生意不景氣，客戶不足。

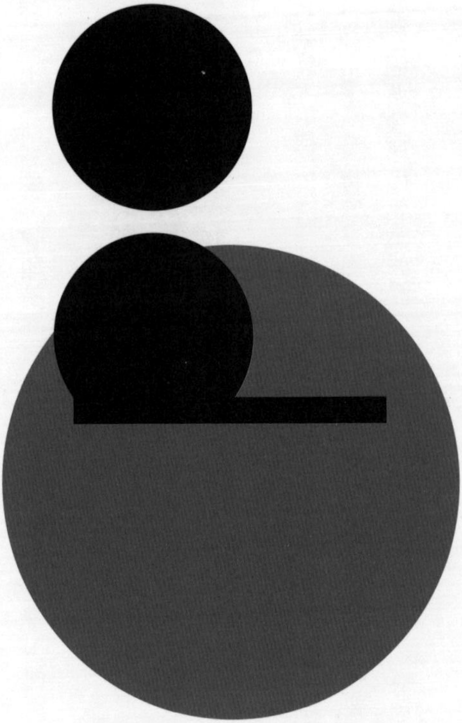

以上三個問題隨時可以出現，你不能被人問及這三個問題時而沒有答案。這些事情出現的時候，你可能需要動用幾十萬元應急，問題是你有否想過，如何在那麼危急的情況下，取得這筆救急現金？

面對客戶不足，你可能要減低成本；面對第一和第二項問題，你可能要利用公司和你私人持有的物業向銀行申請按揭貸款。總而言之，你要對這些情況早作準備，而不是問題來了才驚惶失措大喊救命。那時才想辦法往往為時已晚。

財務控制不僅是要知道公司每月有多少客戶、有多少收入，這些數據一般公司都比較能好好掌握；今天，大部份設計公司的財務問題是，對於剛才提到三類突發事件，完全沒有「怎麼辦」的後備方案。

李永銓一次為設計課程的學生上最後一課的時候，突然問了一句：「請問在座各位，你們知道二零零八年發生甚麼事嗎？你們知道導致這一年金融海嘯的元兇叫做 CDS 嗎？請問你們當中有誰知道何謂 CDS[2]？」

結果全班二十幾人，沒有一個人知道，何謂 CDS（credit default swap，信貸違約掉期）。李永銓十分震驚，他對學生說：「這個讓我們全球經濟體系幾乎破產的東西，你們都沒有興趣想知道嗎？如果禽流感來了，大家都會想辦法避免如何染上禽流感，可是對 CDS 這麼重要的東西，你們卻不想知道，就是這個名字的全名，也好像沒有興趣去尋求。」

李永銓認為，新一代設計人應擴大興趣。一方面要對自己有興趣的東西維持興趣，另一方面對自己沒有興趣但重要的東西，更要產生更大的興趣。

2 —— CDS（credit default swap，信貸違約掉期）是一種金融市場衍生工具，被認為是二零零八年金融海嘯的元兇。簡單而言，就是 A 銀行借了錢給 C 買樓，利息頗豐，可是 C 的信用成疑，為了保險，A 另外花了點錢向 B 這間保險公司買了一份 CDS，意思就是當 C 不還房子的貸款，B 就要賠償 A 的損失。B 相信 C 有能力一直還錢，於是不斷擴大 CDS 業務，而且把與 A 簽下的 CDS 合約變成炒賣工具，在金融市場上出售炒賣，雪球愈滾愈大，直至美國房價暴跌，而 C 亦開始沒錢還給 A，A 向 B 追討，B 則向其他承接合約的炒家或被蒙在鼓裏的人（包括買了一些有 CDS 成份「債券」的國家、銀行、保險公司的個人投資者）追討，結果由於牽連太廣，全世界相關機構倒閉或陷入倒閉邊緣。全世界損失慘重，包括 A，因為 B 倒閉了，根本不能履行本來要賠償給 A 的承諾。

品牌醫生看Made in China——一場貿易事件的反思

二零一七年特朗普上任美國總統，英國啟動脱歐程序，難民潮及恐襲陰霾籠罩歐洲多國。二零一八年習近平修改憲法，取消國家主席任期限制，南北韓國首領歷史性會面……這些事件構成一幅怎樣的新世界政治勢力版圖，二十一世紀的東西方處於怎樣的局面，我們走進了一個怎樣的時代？

據二零一八年一月《世界經濟展望》（*World Economic Outlook*）報告估計，二零一七年全球生產增長 3.7%，二零一八和一九年的全球增長預測上調 0.2% 至 3.9%。大量生產，加速消費，推動 GDP，當我們在追求無止境的增長，與此同時，卻沒法輕視「不願面對的真相」，氣候變化危及地球環境，似乎已經到了不可逆轉的狀態。冰川融化、海平面上升，生態系統改變，自然災害增加，在我們不遠處發生的地震海嘯，日常生活上面對的極端天氣，不斷升溫的炎夏，無力抵禦的寒冬。

空氣中瀰漫着未知的惶恐，我們需要怎樣裝備，才能安然過渡到未來？

人類面對未知與不安，可以低頭無語，寄望蒼天打救，卻也可以博覽群書，尋找知識的能量。這麼多年來，李永銓還是相信唯有閱讀，才是認識萬事萬物的靈丹妙藥，沒有秘密通道，沒有捷徑。每次走到一個新市場，他首先就是研究當地的歷史文化，日本、中國如是，哪個地方都是一樣，務必作好充足準備，因為政治經濟和文化環環緊扣。這個品牌醫生，診斷中國當前的問題，從發熱的經濟說起。

從事零售品牌打造的李永銓長期觀察市場動態，掌握第一手市場資料，對於整個市場結構和轉變有充足的理解，看到中國的經濟發展在這五年內出現的極大轉變。「這些年來，中國不斷宣揚驚人的 GDP 數字，六十多萬億的驕人成績，全球排行第二，躋身世界強國之列。」李永銓指出，自二零一五年開始，中國股市暴跌，燃燒了三十五萬億人民幣，這個數字差不多是歐洲多個小國全年的 GDP 總和。中國市場上的流動貨幣大概是一百一十萬億左右，即是説就這樣蒸發了三分一。其實自二零一四年開始，零售消費市場已經出現疲弱，PMI（Purchasing Managers Index，採購經理人指數）出現新低，而經過二零一五年股災後，當然有人説那是金融政變，但無論怎樣就是燃燒了很多儲備。二零一五年十二月開始市況變得異常差勁，市民消費意慾大減，錢包守得緊緊，再加上電子商貿的出現，影響零售市場。其實中國國民人均收入還維持在七千五百美元一年，所以單靠內銷根本不足夠，這次的轉變成了近年中國經濟轉向的重要關口。

來不及出現逆轉，近日就發生了中興事件，李永銓直言：「絕對是當頭棒喝。」他認為這場中美貿易戰，對中國政府、中國市場和中國人來説是個重要警號。「這些年我們一直認為自己很強大，人口眾多、消費旺盛，GDP 急速增長，卻原來我們只是以量取勝，依然停留在低質素生產的階段。所以不論是成名的設計師也好，政府也好，也要學習謙卑，不要裝強，切忌 Big Head（大頭症），只懂誇大炫耀。中興事件正是對付大頭症的良好妙藥，走到這一步，整個中國也需要一次深切的反省，中興事件帶來的反思。」

一塊晶片，徹底夢碎

事緣美國商務部在二零一八年四月十六日發出對中國中興通訊的貿易禁令，禁止美國公司向中興供應零件、商品、軟件技術，時期長達七年，直至二零二五年三月十三日。現時中興電訊的設備大多使用美國出產的晶片（內地稱為芯片），此舉將讓中興難以繼續營運。此禁令對中國是一大衝擊，揚言要帶領全球進入5G時代的中國電訊，其核心技術原來還是完全依賴外國。「從一塊晶片，看到中國經濟在三十年高速成長後，結果還是停留在低端生產，跟高端還差一大段距離。」李永銓解釋，晶片可分為高中低三個層次，做火箭用的高端晶片，都是來自美國。現時的晶片技術，首推美國，然後是日本、瑞士、韓國，中國就只有製造大量低端出品。

事件爆發後，將中國的高科技夢想一夜之間打回原形，人民驚覺高科技的核心技術，原來嚴重地受制於別國，於是乎，全國上下熱血沸騰，明白自己落後於人，紛紛高呼中國要發展自己的芯片，痛定思痛，要不惜一切研發高科技。阿里巴巴主席馬雲在福州論壇上說：「如不掌握核心技術，就是在別人的牆基上砌房子，在別人的院子裡面種菜。」騰訊主席馬化騰亦表示，中國擺脫核心技術受制於人的需求，越來越迫切，「只有科技這塊『骨頭』足夠硬，我們才有機會站起來，與國際巨頭平等對話。」李永銓認為：「知恥近乎勇，由原點出發，實事求是，長遠而言，我們還有希望？」

他提到二零零六年的「漢芯」造假事件。二零零三年，從美國留學回國的陳進出任上海交通大學微電子學院院長，宣佈發明「漢芯一號」，是內地首個完全擁有自主知識產權的高端芯片，隨即獲得高達過億的科研基金。然而在二零零六年卻被揭發為造假事件，所謂的研發，只是從美國摩托羅拉（Motorola）買回芯片，再請民工用砂紙抹去表面的標誌，然後加上「漢芯」的商標。原來「自主研發」只是另一場白日夢。

合約精神才是重點，實務和誠實才是正道

中興事件無疑讓國人夢碎，誓言要科技自主，「可是全國上下還是捉錯用神，每個人只看到科技落後於人，問題卻是因為不遵守合約精神。中興被制裁，是源於違反合約，不遵守法律精神。」事件的源頭可追溯至二零零三年，聯合國通過制裁製造核武的伊朗，美國在二零一零年通過了《全面制裁、問責及撤資伊朗法案》，禁止外國企業把美國科技產品或技術轉售伊朗。二零一零年底，中興與伊朗客戶簽訂合約，向伊朗提供多種通訊裝備，美國政府於二零一一年起對中興展開長達五年的調查。直至二零一六年，美國商務部一度對中興通訊施行出口限制，經過中美雙方協商後，中興通訊同意認罪，支付

十二億美元罰款及承諾懲罰被證實向伊朗買賣禁運品的三十九名員工。可是事件並未告一段落，美國商務部公開的中興內部文件《進出口管制風險規避方案：以YL（伊朗）為例》，當中詳細披露了中興如何利用多家空殼公司作交易，如何偽造文件、銷毀證據，鐵證如山，指出中興如何違反禁令，觸犯法律，促使美國近日頒佈進一步的制裁，理據是中興涉嫌在調查中作虛假陳述，並違反協議，沒有處分涉事人員。

雖然李永銓認為這場貿易戰可能是借題發揮，然而最大的問題是國人只看到研發這一邊，沒人關注不尊重文化這一點。「中國人應該要明白，一國之強不在於多少財力軍力，而是文化，讓別人尊重的國家文化。中興事件就是源於對文化不尊重，一直以來我們只以快捷的方法行事，將國人那套『上有政策，下有對策』放諸四海以為皆準，抄襲模仿，太多拿來主義，這樣不會令我們成長。」

四個品牌看「中港」市場

FOUR CASE STUDIES

脫下華衣美服，茹素喝茶

禪元（2016）——從內到外／回到原來

間何處是淨土。

紙醉金迷的華麗日子已經過去，重拾簡樸禪意之境，沉澱，反省。人生如是，會所亦如是。

從金碧輝煌變成園林景致，從紙醉金迷走到洗滌心靈。昔日的會所是人聲鼎沸之地，今天的禪元卻讓你離開人群，沉思自省，因為，中國必須慢下來。

2 禪元

當外界看到日本賣掉 Toshiba（東芝）、賣掉 SONY 時，認為日本已經走到窮途末路。可是假若你清楚日本人的個性，便會知道，「他們最好的東西永遠只會留給自己。今天的中國，GDP 雖然處於全球第二，但這道紅地毯也有部份引領到錯誤的方向。在這高速成長的三十年，別人用時間建立的 Starbucks、NIKE，我們卻懂抄襲，走捷徑，於是別人有周生生，我們就有周大生；別人有 Air Jordan，我們就有喬丹；New Balance 就變成新百倫。從內銷到外銷，從工業到零售如是，你看我們做的晶片還是停留在三線，都是非原創生產，只抄襲別人的成功例子，不作長線投資，不做研究。這些拿來主義，導致今天惡果的出現，原來多年來只是買外國的晶片。」李永銓記得清華大學有位教授說過，事件的出現國人應該感到高興，我們的大頭症到此為止，希望大家要反省，重回實務、誠實之路！「再看那邊廂的日本卻是靜靜地轉變，以為這三十年甚麼都沒做，實情只是他們看到更長遠、更務實的生存之道。」

習近平在「十九大」中說到要向創意社會進發，李永銓非常贊成，可是我們今天在做甚麼？「從中興事件看到，我們只能做低端生產，因為這樣是最快賺錢的方法，殊不知 IP（Intellectual Property，知識產權）才是王道，AI 時代來臨，賣 IP、高科技才能生存，而且打的是國際市場，中國只是賺自己十幾億人口，出不了外國，甚至來香港也不成，何況亞洲以至全世界。中國民以食為天，但為何沒有一個食品品牌能夠揚名國際？不是我們的東西不夠好，而是心態問題。早已說此心態令中國的百年老店消失，擁有二百年歷史的品牌在中國只剩下五個，而日本卻有三千，這不是產品質素的問題，而是態度所累。高科技投資、文化承傳，需要的是時間，可惜中國人就是太急躁，一日也嫌長，因為不知明日將會發生何事，沒有安全感。近年我在中國的中產朋友，不少子女也移民，這個心態跟日本很不同，戰後的日本雖然是戰敗國，但日本人依然很驕傲，這是政府給予的信心，往後的二十年沒有人想到移民。可是當中國紅起來，中國人反而更想離開中國。有能力的卻想移民，這是很大的落差。」

中國慢下來

針對當前中國的問題連珠爆發後，李永銓想到「修身養息」，「用這句來勸勉當前槍打出頭鳥的中國，似乎適合不過。如果今日的中國，強勢國力令全世界覺得有威脅，繼而針對中國，排華的情況就會出現。商業發展是無可厚非，但變成帝國主義是極其危險，歷史上德、英、法如是，換來的都不是好結果，國家終有一天會消沉下去。回看一九八九年的日本，全世界排行第二，不停收購別人的地方，揚言要買下紐約的時代廣場，因為他們有的是錢，以家庭電器、汽車、流行文化征服全世界，才會出現日本威脅論。今天的中國無疑像當年日本一樣財富倍增，可是卻沒有產品和品牌能夠成功打入國際市場，流行文化也只局限在中國，欠缺了能真正打進人心的文化軟實力，動不動便以金錢壓倒一切，只會被全世界排斥。」

所以，無論做甚麼，最基本是讓品牌健康生存五十年，而不只是讓你賺得第一桶金。十年前李永銓看到很多品牌成功了，賺大錢，但十年後卻不見了，因為他們只看到眼前利益。「今天我們要反思，想一想還有甚麼值得自豪，說來說去都是老祖宗的品牌。很多問題由基本開始，不能急進，不要只顧着賺快錢，這樣連自己的品牌也保不住，二十年也守不住，莫說是百年品牌。」

今天中國整個領導層，以至電影、電視娛樂等流行文化，都在宣揚民族自豪感，「好像那齣電影《厲害了，我的國》，讓中國以為自己真的強起來，中興事件發生後便立即落畫。當某些上一代的香港人仍懷着大中華情意結，而年輕一代卻對自己的身份抱着懷疑。別以為這一代不認識中國，這是二零一八年的香港，關於中國的資訊，不會比在中國少，好的壞的有問題的也看得到。不要以為年輕人輕易被洗腦，相反他們很清晰，4.0 誕生的一代，可以獲得無限的資訊，只要這些資訊不是一面倒，他們絕對是有足夠智慧作分析，所以不要看少新一代，『食鹽多過你食米』已經不管用了。」

李永銓不喜歡用民主這兩個字，感覺有點沉悶，然而獨裁的出現，就是代表沒有選擇。「人類的成長是一個選擇的過程，看甚麼書聽甚麼歌，跟甚麼人做朋友。香港勝在還可以選擇，可以將視線放得更廣闊。我了解市場，從來不會帶着歧視眼光去看內地，也不會抹黑，但卻會說出問題，即使面對內地的官員也直說不誤。」同樣地，當大家以為內地的商家老闆都是一個模樣，他卻遇上正氣的老闆，一個希望改變現狀的商人。

如果要來一次革新

二零一四年，習近平上台後致力打貪，要整頓高層官員，經歷薄熙來、王立軍事件，官場文化務必徹底改變。在北京官多，官家屬更多，早前李永銓在北京吃飯，碰到一位海歸派青年，很有禮貌，後來才知是某政治常委兒子，所以他常笑說，在北京不要得罪人，隨時碰到的可能是誰和誰的親屬。「北京是國企央企的集中地，也很多高級私人會所，中國人喜歡把酒言商，可是因為私隱原因，他們不方便到五星級酒店，於是乎在會所設宴，閉門暢談是慣常的做法。最重要的是享用名貴菜單，鮑參翅肚，過萬元一支的茅台，他們懂得享受，十多人一晚的消費可以很誇張。」

此時此刻，隨着國策的轉變，有心人，希望修正這個文化。

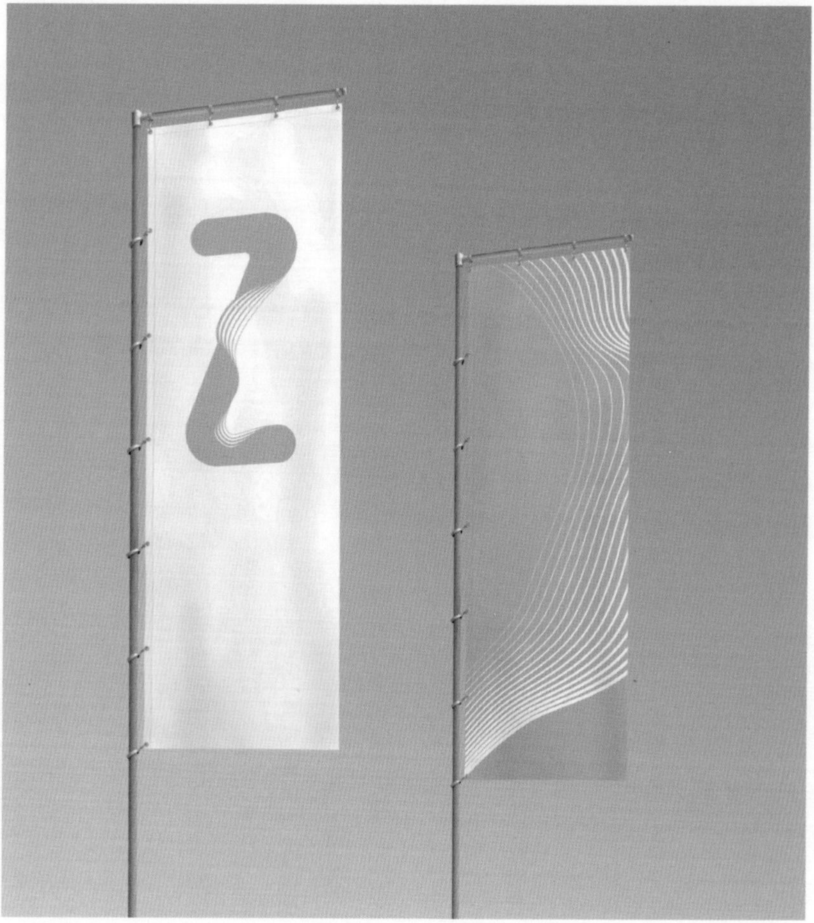

慢下來靜心沉澱思考，呼吸一下，是心態也是文化。中國走得太快，人與企業太過急躁，我們需要一處如家般的地方，品牌的改變，有時並非從產品或設計開始，一切都是從核心進發。

一切都是從名字開始。有一天李永銓跟客戶坐在這個會所的四合院裡喝茶，看到背後便是雍和宮，那一邊是當年慈禧太后看戲的地方，這個滿載歷史文化的名勝地標，今天還保持着舉足輕重的地位，是北京重要的文化資產。遠遠看到外面那個美麗的庭園，是喧鬧城市中的綠洲，改變其實可以從這裡開始，就讓一切回歸基本。Zen Ori 禪元，Ori，就是 Original，「元」就是始，回到最基本最原本，然後重新開始。這裡不是宗教地方，在這個美麗的禪園，慢慢讓人平靜下來，洗滌心靈，是對現今社會的深刻反思。

會所不一定是紙醉金迷的地方。人總要在一段時間離開人群，而會所就能夠讓你離開囂雜。同一個空間，卸下華衣美服，換上新名字，外在的轉變其實是源自內在的變化。人的生命不斷地在改變，甚至自己也不會發現當中的變化，直至某一天，身旁的人突然説你變了？唯有當局者不察覺，我們每日每分每秒也在慢慢地改變，延續下去成了思想；然後思想影響，成了行為；再經年月發展，形成你的個性。我們看不到，甚至不知道改變的出現。

如果在香港、日本出現這個地方，一點也不出奇。但這卻是北京，更是一個充滿官員黨員的敏感地方。當你接過這張明片，簡單的灰和白，配合一百

個造型的Z，想像不到這會是一個怎樣的空間。然後你收到那個長長的木盒，上面寫着「人間何處是淨土」，深呼一口氣，未及細想，打開一看，是雅緻的禪園景觀，那片翠綠的園林，讓你輕輕吐出一口氣。拾起那個Z，原來是一道茶，淨化身體；那一小塊白色的石頭，其實是一塊肥皂，清洗外面的塵埃。這一份見面禮，去掉污垢，洗滌心靈，改變由內而外。會所不再是狂歌熱舞的場所，這裡不殺生不喝酒，我們茹素喝茶，改變時空改變心情，才能徹底改變心態。

禪元的整個企劃，都是一種極簡的手法，跟李永銓某些設計相比，是極為簡潔，沒有多餘的動作。沒有金碧輝煌，華麗極致，要讓北京的官場接受，李永銓認為最大的困難是如何去推動。他一再強調團隊賣的是尊嚴而不是craftsmanship工藝。因為如果只是工藝，你喜歡紅色他偏愛黑色，每個人都有主觀性，喜愛與憎惡說服不了，而接受與否只是某幾個原因，其中最重要的是客戶對你的信心。客戶對你有懷疑，可能是個人偏好的問題，但又可能是不夠信心。要讓他們對你的每個字每個圖像也有信心，否則即使是像達芬奇的草圖也無補於事。就像看醫生一樣，是關乎信心問題。

有同行曾經跟李永銓說，說他很好命，客戶讓他自由發揮。對李永銓來說，「即使這個客戶交給你，你也做不到我這套，重要的是我明白怎樣去接近。」不是李永銓有三寸不爛之舌，而是他很清楚整個市場和人事的變化，於

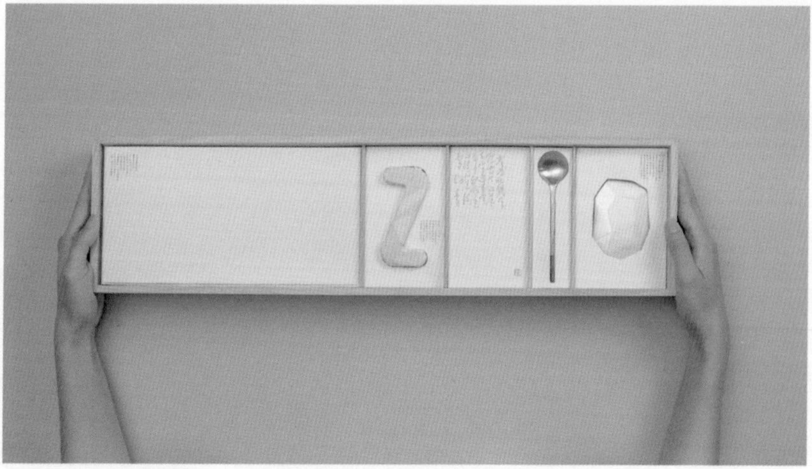

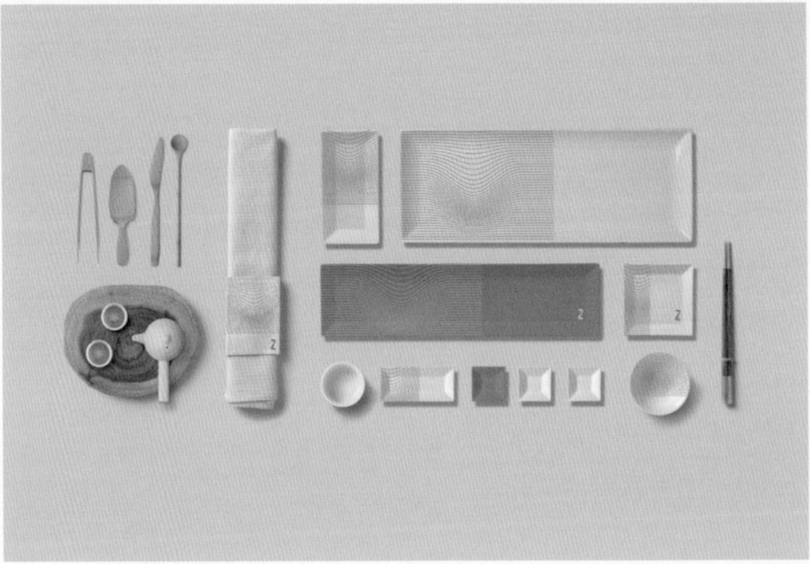

是能夠找到問題所在，繼而再找解決方法。

還是回到信任，只要得到客戶的信任，更陌生、更酸澀的計劃也可以接受，而信任，是來自他對一切知識的掌握，而這大概是他一生的功課。李永銓對中國的認識，包括經濟市場、政治、歷史，讓人感到同聲同氣，甚至更了解，李永銓是他們心中的專家，中國人從來很相信專業。在中國做生意一定要熟悉國情，要理解其政治架構，因為中國市場是政治控，跟外國跟隨市場變動有所不同，改變是來自政府，改變可以發生在一夜之間。

——禪元整套企劃是怎樣形成？

李　整個企劃的概念是針對今天中國的民情，看到中國人急躁地賺第一桶金，急躁地把公司上市，急躁地超英趕美，其實我們應該慢下來，甚至乎在某些地方要停下來。我們需要整理自己，需要反省，需要去思過，然後再計劃明天的行程。禪元讓你遠離人群，告訴你不要大魚大肉，不要狂歌熱舞，不要再酒精滿場，一切一切，都是因為觀察到今天的中國，不論是企業或是人的那種急躁性而構思，同是也配合國家政策，雖然國家也提出要發展，但我認為也要有序地發展，不要只講求快而隨便推動上馬。

——怎樣說服客戶接受這個企劃？

李　最重要是得到信任，讓對方清楚明白，你了解問題，不論是產品或社會面對的問題。只要大家有這種相同的共識，後面的答案，即是設計常說的 solution 便容易被接受。

——人們對會所是有一定理解？

李　今天大家聽到會所兩個字，只會認為是特權分子，具有階級觀念的地方，跟文化沒半點關係。禪元其實不只可出現在中國境內，我們希望整個個案由內至外伸延，期望將這種文化、中國的哲學，這種人性優美的哲學，從內到外延續至海外。

禪元

原本是位於天安門內的私人會所，從皇城會蛻變成禪元，化繁為簡，在庭園裡享用素食茶飲，潔淨心靈。

如何走進二十一世紀

譚木匠（2014）——品牌增值／不是加而是減

CASE 2 - CARPENTER TAN

Rebrand 一個老品牌，除了重新定位，其實就是清洗行動，把複雜的簡化，把老殘的掉走。

一個以木梳起家的品牌，從街邊叫賣到全國過千分店，更成功衝出海外。如何把花多眼亂的產品整合，重新定位，為品牌增添現代感覺，才能延續品牌的生命。

譚木匠

不用多說，一九九七對香港人來說是重要的年份，一夜之間，從殖民地變成特別行政區。李永銓說：「我們都是在一九九七年後才學習普通話。」「中港」交流，是一趟文化交流團、更緊密經貿關係、還是一道高速鐵路和一條大橋？大概在那個時候，李永銓在香港日本兩邊走，看到日本消費市場下滑，與此同時，內地市場開始起飛，那時他並沒有趕着踏上高速列車，直奔神州大地爭奪市場，而是繼續其一貫作風，首先是裝備起來，通過閱讀這個不二之法，在香港這個自由之地，盡情吸收各種資訊。

曾幾何時，人人都說要北上發展，是水到渠成還是焦頭爛額，終究是碰運氣還是實力取勝？當全世界認定飲茶遞水送禮成為金科玉律時，李永銓卻反其道而行，說到底，其實只是做自己。他一直堅持幾個原則，不作任何枱底交易，不跟客戶飲酒。你以為這是國情，太多太多的人告訴他，那是唯一的方法。李永銓深信，如果跟你會面的是老闆，這套方法便不管用，即使是失敗了，也不緊要，世界這麼大，不用着急。「我常用醫生作比喻，醫生怎會叫病人陪他飲酒？」這個品牌醫生，無論去到哪裡，都是一樣。他大概在二千年左右走進內地市場，很快便成功，印證了李永銓之法完全沒問題，更甚的是這樣按本子辦事，更會得到客人的尊重。「不用怕，只要有信心，去到哪裡也有市場。」

專業才是世界的通行證，客人看得到你能助他解決問題。「為甚麼要找香港公司而不是本地公司？」不知道多少人明白這句說話？

李永銓之香港法則，原則之一是一定要跟公司老闆會面，否則不用談下去，而合約的出現就是表達誠意的時候。內地的習慣是付一小部份，甚至是沒有按金，這樣主動權便在他們手上。是以要跟李永銓合作，就要跟着他的合約處理，簽約時先付一半，就是「誠意金」。他深信，如果是有誠意的一定不會計較，反正最後也要付款，這就是決心和信心的問題，就好像你要做一項手術，假若先要付一半費用，除非你有懷疑，否則這不會是一個問題。其實每個人都是消費者，只要代入這個角色便明白，當你走到名店購物，你知道那裡賣的是甚麼，是信心的保證，是價值之所在。「他們經常會說這次就這樣便宜一點，下次百幾億的生意一定找你。」李永銓提到這些「打嘴炮」的說話聽得太多，不只是內地，其實香港台灣很多客人都如是，為甚麼在華人社會總會出現這些陋習？李永銓眼見，這二十年來不少行家拚命想打進內地市場，卻不嘗試了解國情，只要求得到合約，卻沒有想到是否有方法成功。成功不只是得到一紙合約，而是怎樣幫到客戶。「很難概念的要他們接受，想得到又做得到才最重要。向來不喜歡急進，我的取態是針對行業的問題，更重要的是只有單方面成功是不足夠的，要把客戶視為拍檔。」

十多年來，李永銓憑着這個信念成功打入內地市場。總相信吸引力法則，

譚木匠
譚木匠
譚木匠
譚木匠

甚麼人吸引甚麼人，慕名而來的，自然相信這一套。難怪他說：「我的內地客都不像內地客。」誠意換來的是誠懇，有這麼的一位老闆，名叫譚傳華，他是譚木匠的創辦人。

在官方網頁上找到這樣的簡介：「雄險幽秀的巴蜀山川，山環水繞的三峽之濱，數千年來流傳着古老的木梳製作技藝。」譚木匠三個字，代表的是工藝，蘊含傳統之意。一九九七年成立於重慶的譚木匠，雖然品牌歷史不過二十年，卻成功把古老的木製技術轉化成品牌的精神，製造老字號的效果。傳統工藝可以是亮點，卻也可以是包袱，譚木匠二零零九年在香港上市，為了要擦亮招牌，必須重整品牌形像，這時候，他們想到了李永銓。

當譚木匠找上李永銓時，他腦海中第一個問題就是：「還有誰人會買梳？」嘗試將自己代入，甚麼時候會買梳呢？有點摸不着頭腦。譚木匠找了他兩年，他對這個品牌的感覺還是有點遙遠，看不到特色，加上當時忙着其他計劃，也就沒有成事。後來再經一位朋友的幫忙下，譚傳華從重慶來港與李永銓會面，讓他留下深刻的印象，原來這個客戶很特別，更是個良心僱主，在工場聘用某個比例的傷殘人士，照顧弱勢。「那時的譚木匠正準備在香港 IPO（Initial Public Offerings，首次公開募股）上市，公司只可以不斷向上。」李永銓想到，賣木梳也可以 IPO，的確是個有趣的計劃。

來港上市之時，創辦人譚傳華的故事被傳媒廣泛報導。譚傳華在十八歲那年因在河中以炸藥捕魚，意外失去了右手手掌，從此靠着左手創下一番事業，當中過程自是荊棘滿途。他學習用左手寫字，學中醫、執教鞭，繼而走出重慶，出外闖蕩，最後回歸傳統工藝，製造木梳，從街邊叫賣開始，到商場游說，一步一步走過來，直至一九九五年，譚傳華為了樹立品牌，燒毀庫存裡十五萬把不合格的木梳，引為一時佳話。譚傳華的故事就是個傳奇。

李永銓回想有次與他的會面，到他們的公司參觀，裡面有一個博物館，就在門口貼了一封信，是老闆寫給員工，原來公司開始時曾經做錯一個決定，於是向所有員工寫了這一封道歉信。「老闆很會反省。」在中國出現這種情況簡直是不可能，要知道領導精英是不會錯的。當他們得悉李永銓願意來到重慶時，整個家族來一起開會，感動了李永銓。「他是與別不同的客戶，不會跟你飲酒，甚至不會跟你吃飯，開會就是開會，工作就是工作。在今天那是難能可貴，特別是上市公司，並非唯利是圖，我覺得他心中有神。」或者，這就是我們常說的因果。

譚木匠一直有良心企業之稱號，大概是自小失去右手手掌的譚傳華，深明身體殘障之苦，對殘疾人士特別關懷，身體力行給予幫助，一直聘用殘疾人士，更提供適當的培訓。今天的譚木匠是木梳王國，每年營業額高達數億元人民幣，可是，傳統風格卻帶來老化的印象，很難走進二十一世紀，如何往前走，必須要有革新，怎樣可以替品牌增值，是李永銓想到的問題。

回到這兩個問題，最後一次買梳是哪時？今天甚麼人會去買梳呢？譚木匠在全國擁有一千五至千八間連鎖店舖，每年賣八百萬把梳，梳子竟然有這麼龐大的市場。大概沒有多少人喜歡閒來買幾把梳子回家，也不用天天新款。原來譚木匠的梳子總是跟節日和禮物有密切關係。梳子是傳情的信物，情人節、元宵、父親節母親節、兒童節，買梳送禮是一種習慣，是以譚木匠有不少公司客戶。他們的產品款式眾多，可分為平價、中價、貴價三個種類，有彩繪、合木、角木、鑲齒、鏤空、雕刻……種類多不勝數，然而問題來了，驟眼看來，不同檔位的梳子在包裝設計上好像完全沒有分別。平價是一百元人民幣以下，中價是五百至八百元，貴價是二千五百元。他們做得最好的是平價市場，其餘兩個則是有待改進。

重新組合　引用減法

要提升譚木匠的形象和競爭力，要把他帶到新時代，就必須要有清晰的定位，李永銓用了一個方程式，就是增值。當顧客購買一百元的產品時，總是希望產品要像二百元的價值，五百元的話就要像一千元，二千元就要像四千元，如此類推。所以首先是為平價、中價和貴價作清楚的分野，要有自己制定的「Carpenter Tan（譚木匠）」特色，然後加上增值效果，任何品牌都可以這樣處理重組，讓消費者看到不同路線的產品。李永銓將譚木匠重新包裝，平價的用紙盒，貴價的換上木盒。一把梳價值有多少？但當你收到一個木盒，裡面有不同的小格，打開看，原來是小工具，這是小布，整個包裝才能帶出高貴的感覺。另外，他將字款改了，logo 縮小一點，減去多餘的東西，除了變得耐看，更帶出優質的味道，再配合不同插圖，用在不同包裝設計上，頓時顯得現代化，這套品牌的 DNA 便成功了，遠遠看到黑色盒配上不同季節的印花圖案，便知道是譚木匠，而不是李永銓最初看到的只是一堆紅紅綠綠，看不清是甚麼品牌的木製產品。

另外，由於有超過二千種產品，卻把甚麼都擠進數百呎的店舖裡，令人眼花撩亂。於是李永銓提議將平價的款式全放在網上平台出售，店舖集中售賣中價和貴價款式。

因為是木製產品，從前的店舖設計也自然地以木出發，但 wood on wood 的效果只顯得低檔。重新定位的譚木匠專門店，中間都擺放了一棵生命之樹，展示各種設計師合作的產品，再以不同的窗戶點綴，整體感覺像是美術工藝品公司，增添了高雅及藝術的氣息。

就這樣把產品重組，便可以在市場增值。李永銓特別提到：「緊記不需要把每一樣東西都變得花俏，有時只需抹去表面的塵，換件新衣，修正一下，就能出現煥然一新的效果。」全新的譚木匠禪味也很重，跟李永銓早期很有

impact、很多色彩的設計，是兩種不同的風格。「其實簡單簡約也是我另一條主線。」

——最初是如何處理譚木匠五花八門的產品？

李 譚木匠其實是一次關於整理和重組的個案。很多經過十多年，傳了幾代人的產品，開始出現紊亂其實是頗正常的。面對這個情況，就必須要修正，重新整理，令每個客群更清晰，不論是大眾、中產或高端，形象和性格也要充分被表達出來。這個時候，很多東西需要簡化，因為在重組的過程中，其中一個手段就是將多餘的東西去除，化繁為簡，然後嘗試再去組合品牌的DNA，這樣才算是功德圓滿。

——現在知道甚麼人會買梳嗎？譚木匠的梳有甚麼獨特之處？

李 每個產品在不同年代也有其功能，隨着科技發展，功能會隨之改變，梳就是其中一種。從前梳就只是打理頭髮的工具，今天卻多了附加值，就是傳情，某程度上是代表了你的嘴巴，替你將訊息告訴你指定的對象，可以是你的客戶、你的愛人和親輩，這就是今天的譚木匠梳子。

——怎樣可以為產品增值？有沒有一個特別的方程式？

李 我們有一條很簡單的方程式，今天中國常把「性價比」掛在口邊，但我們發覺很多產品賣一百元，但感覺卻像五十元，讓人感到與價值不符，這就是一個大問題。而這條方程式可以放諸四海，皆為用之，就是將產品推上一層，一百元要像二百元，中產要像高端，大眾要令人感到中產，針對每個客群全部向上一個階層推進，當然必須經過計算過程才能達至這個效果。

譚木匠

成立於一九九七年，從事設計、製造及分銷小型木工藝品及飾品，包括木梳子、木鏡子、組合木禮盒、其他木飾品及裝飾，主要在中國經營特許加盟及分銷網絡。多次登上福布斯中國潛力企業榜，屢獲年度中國零售業優秀特許加盟品牌稱號。二零零九年十二月二十九日在香港聯交所掛牌上市，二零一五年成立海外事業部，積極拓展海外市場。二零一七年十二月三十一日，譚木匠於香港設有三間自營店舖，海外其他國家和地區採取加盟商、經銷商及獨家代理等多種合作模式。目前，主要分佈在新加坡、韓國、日本、法國、英國、瑞士、德國、阿聯酋、美國及台灣地區等。

已經不是賣產品的年代

聰少甜品（2016）——有趣元素／情感聯繫

品牌之能夠被消費者接受及喜愛，產品固然重要，也必定與品牌的個性、感情形成有關，否然連基本記憶也會攪亂。

WBD0535
WBD0539
WBD0536
WBD0533

針對年輕人的全新甜品品牌，如何在眾多選擇中突圍而出，要靠的不是產品，而是讓人記着你的品牌文化。

WISE BRO. DESSERT

你還記得沒有社交媒體的年代嗎？

打電話寫電郵，閱報看電視，食飯前不會想到要拍下今餐吃甚麼。

然後十多年後，我們的生活開始被改寫……

二零零六年，美國《時代雜誌》（*Time*）選了「You」為年度風雲人物，這個「你」，就是千千萬萬的網絡用戶，網上媒體內容生產者。那一年 Facebook 正式向大眾開放，維基百科、YouTube 建造了一個新時代，社交媒體方興未艾，不用十年已完全佔據我們的日常生活，從新聞資訊到人際溝通，從市場營銷到政治選舉，徹底改變了整個社會生態。

二零一一年，Facebook、Twitter 網絡引發「阿拉伯之春」，我們驚覺社交媒體可以改變時代，原來得網絡便能得天下，鍵盤戰士聲勢一時無兩。直至今天，全球七十五億人口中，各種社交媒體總用戶達三十億人，而擁有最多用戶的 Facebook 則有二十億。然而，我們開始為低頭族擔憂，原來社交媒體會讓人沉溺自我，跌入了「讚好」的陷阱。曾經擔任 Google 中東及北非區行銷經理的戈寧（Wael Ghonim）是中東「茉莉花革命」的重要推手，他在二零一六年一場 TED 論壇中說到，「阿拉伯之春展現了社交媒體的巨大潛力，但同時也暴露出它的最大缺陷。同一個工具團結我們推倒獨裁者，最終也將我們分裂。」熱情過後，醒覺社交媒體原來不是烏托邦。

繼而在二零一八年三月爆出的劍橋分析事件，Facebook 涉嫌洩露用戶的個人資料。事緣二零一六年美國大選期間，為特朗普競選團體工作的英國政治數據服務公司劍橋分析（Cambridge Analytica），被指未經授權下收集了五千萬名 Facebook 用戶資料。自社交媒體興起後出現的私隱、監控等問題，終於來到爆發的一天。Facebook 由哈佛長春藤擴散到全美大學和高中生，乃至成為全世界的生活必需品，十年後，卻被年輕一代唾棄，聲討之聲不絕，信誓旦旦要離開 Facebook。十年前的千千萬萬個風雲人物，密切關注網絡私隱問題，探討社交媒體與社會運動的關係。

看到 Facebook 創辦人朱克伯格（Mark Zuckerberg）出席美國國會聽證會一刻，除了見識了參議員的科技文盲，不禁細想十年來我們的生活如何被他牽引着。智能電話、平板電腦、4G 網絡、社交媒體、網上購物、衣食住行、思想言行，大概我們沒法走回頭路，唯有着力看清我們身處的環境，認識這個新世界是如何運行。

當我們已走進大數據年代，李永銓認為唯有積極留意各種資訊才能生存下去，特別是從事營銷行業，如果不掌握資訊，一切也只是空想。十年人事幾番新，滿記甜品是李永銓其中一個很成功的計劃，原來已是十多年前的事。李永銓說對滿記感情深厚，當時第一次做甜品品牌，每次有計劃成功，隨即就會有十多個同類型的客戶找上，但他的習慣是在同一時間不會做相同的客戶。直至十多年後，再次遇上的甜品品牌，是聰嫂甜品的姊妹連鎖店聰少甜品。

今天的滿記仍然向前進發，但必須用更多的人力物力才能維持自己的優勢。繼滿記後，李永銓再次接下甜品品牌，他強調，必須要明白，這已經不是賣產品的年代，從咖啡、甜品甚至四川菜，能夠走進市場的，水平大多很接近。要留意的是，沒有說產品不重要，好吃是必須的，做不好就要離開這個市場，但真正勝出的一定不是依靠產品的質素，最好的不一定能夠成為第一線，可能是第二三線勝出，要創造的是另一種品牌文化。

Wise Bro 醒目仔，香港最典型的男生

要建立品牌文化，李永銓提到三個重要的元素，否則距離成功很遠。第一是能否找到有趣的元素吸引消費者。這一點說來容易，但其實並不簡單，因為很多人會忽略這個元素，認為只要產品好便成。問題在於同一個類型的產品，很容易被抄襲。而一般品牌營銷的做法，就是換上新設計新價錢，這些全都不重要，首要是要找到只此一家擁有的 DNA 文化，才能吸引消費者。如果你走到某間店舖，拿掉品牌的名字後，而你不知是甚麼店，這就是失敗，就正如大家會記得滿記的 Monster 和書櫃，所以有趣元素是第一步。第二就是

感情，記得你的名字後，便要拉上感情，正如你看過一本書，看過一齣電影，聽過一首歌，不可能丁點感覺也沒有，就是要尋找那點點的悸動。有了這兩個元素後，便會出現三，就是記憶，如果感情沒有增加，便沒有記憶，不會令人想到你的名字。這是有趣的測試，隨便放在任何一個品牌上也湊效。

怎樣找到有趣元素？首先當然要作市場計算，喜歡吃甜品的，通常不外乎是拍拖的兩口子，或是一班朋友，當中多數是三四位女孩子，兩個男生結伴去吃甜品可說是絕無僅有。所以消費群是不同年齡層的女性，男孩子只是跟着女孩。別以為對象是女孩子，所以必然是可愛動物、日本公仔這些女孩元素。這次想到的是「用男孩賣女孩」。「今日年輕人的態度，看到這些男仔這些boy，令你會回心微笑。」李永銓就是從這裡出發，創造了這三個男孩：一個頭上插滿鉛筆，一個攬着兩個救生圈，一個長棵仙人掌。

今天的男孩，第一有無盡興趣，喜歡打機上網看NBA，周身癮，太多資訊，太多玩樂。香港男生很喜歡玩，首先要有客觀條件讓你玩過夠，而在香港就有數之不盡的玩意。愛玩男生總有一個在你左右，可能是坐你旁邊的同事，可能是你的弟弟。第二，就是永遠需要別人照顧和關懷，總是找人買這樣那樣，到這裡那裡辦甚麼事，他可能是你的哥哥或是你的前度。這些後中產年代，不同嬰兒潮一代經歷過生活窮困，今天很少會看到很獨立的男生。身上一個救生圈也不夠用，而且永遠在海中浮沉，需要你伸出援手。第三便是泛

愛，極度需要被人愛，卻又傷害別人，自己就像一棵仙人掌。從新聞從身邊朋友的故事中，經常看到一男兩女，釀成嫐的局面。男的永遠不懂拒絕，不敢離開其中一人，怕對任何一方造成傷害，實情是正在傷害身邊每一個人。

這三個造型可以放在不同產品上，女生看到，要麼想到那個嚷着要幫他燙恤衫煮宵夜的老公，便是家中那個天天都有不同活動的弟弟，當然不少得那個曾經一拖二的麻煩前度。每個人看到，總會想到有趣的故事，然後產生共鳴。整個概念完全沒有提及食物，一丁點都沒有，看完這三個男孩，是完全跟產品無關，針對的是消費群。當人人都是賣可愛小狗、夢幻少女，又或者是用明星這些慣常手法時，聰少卻是你們熟悉的、總有一個在左右的男孩，這個符號便成功了。

成功品牌的三個元素

從深啡色出發的店舖設計充滿溫暖之感，有點像家，但又能找到像學校的儲物櫃，然後你看那個救生圈站在一旁，等着你，那邊的仙人掌又在看着你。當下一次朋友説要食甜品時，因這裡有一些有趣元素，二有情感，所以就會有三，你就會記得聰少甜品。不過成功與否，一定要看日後是否可以嚴格執行，一套成功的品牌系統，往往決定於日後是否可以嚴格地實行，你看

Starbucks，東京跟美國跟香港都是一樣，從來不可能弄錯是另一間店，這是很重要的，很多中國品牌便敗在這裡。「所有品牌只能讓人知道是賣甚麼而不知道其個性，或模糊個性，沒有令消費者產生感情，只會直線下降。」李永銓從經驗得知，這是所有連鎖店的重要關口，當三個人走在一起卻沒有人能夠說出店鋪的名字，已經是失敗，把這套認證用在任何品牌都可以。例如你跟朋友說今天去飲咖啡，對方必然等你說下去，飲咖啡又怎樣，你說咖啡很好，坐得很舒服，都不是賣點，因為故事不有趣。然而當你說，那些侍應是女人扮男人的，相信對方一定很有興趣知道多一點，然後你一直說下去，那個咖啡杯是可以拿走的，每個都不同。這時候，對方必定會說下次一起去，或者明天立即去，這時需求就出現了。

說回聽少甜品，產品都十分正路，「除非產品令人過目不忘，如果還是沙冰、楊枝甘露，還有甚麼可說？」李永銓提到他們一定會嘗過所有產品，保證是好的，但這只是基本。要找一個產品的橋頭堡、招牌菜是非常困難的，而要保持招牌的水準更難，因為實在太易被抄襲，所謂特色明天可能已經不再特別。連鎖店的法則是不能只強調產品，因為要讓人記得你的名字，一定不是靠產品而是個性。

——十年後再做甜品品牌，你認為甜品市場有甚麼改變？

李　當年滿記的成功，令市場上出現了很多模仿滿記的甜品品牌。當大家對這些品牌的印象模糊不清時，對加入市場的新品牌是極為不利，因為人永遠會犯同樣的錯誤。所以再做甜品品牌時，無論內容和概念，都必須要重新處理，嘗試令他變得與別不同，在市場裡突圍而出。

——聽少甜品同時進軍內地市場，你認為同一個計劃如何可以應用兩地？怎樣處理文化差異這個問題？

李　香港、內地甚至東南亞，每一個地方的歷史文化和經濟發展都完全不相同，所以要走進這些市場，建立一套適合這麼多不同歷史政治、文化經濟背景的模式是非常困難的。可是即使是不同地域的市場，有一點肯定是相同，就是那班消費者，特別是女生。我們常說，這班消費者全部擁有相同的少女心，他們生活上面對的男性比比皆是，八九不離十，心態上都是差不多，就是後中產時代出現的愛玩年輕人。所以我們從這裡入手，不是從女生，而是女生旁邊的男生開始。

——甜品市場主要針對年輕人，你如何掌握關於年輕人的資訊？又如何了解他們的心態？

李　第一是要虛心看待年輕人，切忌以自己的心態，自以為是經驗老到的專家，高高在上地指點，以為自己懂得，目空一切地去看今日的市場。很多人常說品牌營銷要認識產品，這是對的，但更加重要的是要認識市場。如果你要做年輕人市場，但連他們需要甚麼、他們的行為模式也搞不清，基本上，即使贏了也只是幸運。

聽少甜品

由前香港電台餐廳老闆聽哥聽嫂在二零一零年建立的「聽嫂甜品」品牌，最初在將軍澳開設第一間店，後來發展至銅鑼灣、灣仔，並已吸引投資者發展至內地市場。二零一六年八月，「聽嫂甜品」開拓副線品牌，針對年輕人市場的「聽少甜品」，首家店舖選址在尖東，看準了鄰近理工大學的大學生市場。

三

香港還是購物的好地方

OOH（2017）——充滿驚喜／市場所欠缺

OH
OUTSTANDING
OVERJOY
HAPPINESS

OOH 是每次發現幸福時之驚嘆，是快樂也是驚奇。表達的不是產品的個性，卻是每次碰見眼前一亮的設計時，心中充滿滿足的呼聲，ooh ！

在銅鑼灣核心地帶，出現了一家琳瑯滿目的店鋪，你在門外走過，忍不住入內看過究竟，
結果拿着兩大袋離開，滿心歡喜。

「購物天堂」四個字是否已經離香港很遠，很遠？

回歸後，香港經歷金融海嘯、沙士、自由行、CEPA，零售消費市場走過高低起跌，再到二零零八至零九年間受環球金融危機打擊，二零一四年尾開始下滑，零售持續疲弱，二零一五年開始，核心商業區店舖租金大跌，名店旗艦店紛紛退下，業界與媒界均出現步入寒冬期之説。

根據政府統計處資料，零售業銷售在二零一七年十二月開始出現穩健增長，直至二零一八年一至二月按年上升 15.7%。香港零售市場與旅遊發展密不可分，訪港旅遊業持續復甦亦帶來幫助。二零一七年訪港旅客共五千八百五十萬人次，來自中國內地的旅客佔總數 76%。雖然內地自二零一五年四月實施深圳居民「一周一行」的措施，令即日來回的內地旅客數字回落，不過從旅遊發展局數字所得，二零一八年二月份的農曆新年，有超過五百二十萬人次旅客到港，較去年同期上升 26.3%，當中以內地旅客的增幅最為顯著，達四百四十萬人次，大幅增加 40.2%，顯示內地仍然是香港最大的客源市場。不過，針對這班消費群，我們首先要明白，今天已經不再是「名牌包包」的年代。

根據《財富》（中文版）的「2017中國奢侈品牌問卷調查」，受訪者購買奢侈品的地方，海外為四成，港澳台為兩成多，其餘是內地城市，當中港澳台減少了3%。隨着內地富裕階層轉往外地購買奢侈品，加上習近平上台後致力打貪，送禮文化逐漸改變，過往受惠於自由行的本地奢侈品市場受到一定衝擊。然而，單看奢侈品市場是不足夠，必須明白內地遊客消費模式的轉變。《財富》的調查指出，相比起過往盲目炫富，他們更懂得利用奢侈品提升生活品質，從過往炫耀式消費到重視「性價比高」、「自用」的比例大幅提升。當你看到「中國奢侈品已結束野蠻生長，回歸理性」、「人人都愛個性化」這些標題，你便會明白，原來「寒冬」只是一次蛻變，春暖自然花香，我們都在等待萬象更新。

那麼，怎樣才算是「購物天堂」？價廉物美，選擇眾多，有信譽和品質保證？今天的香港還具備這些條件嗎？當市場慢慢改變，網上消費已經成為世界大潮流。不過原來香港的網上消費較其他已發展的經濟體不算盛行，只是在穩步增長，其實也不難解釋，比起其他大地市，香港的交通運輸系統完善，商場眾多，坐在辦公室淘寶外，出街逛街購物也是很多香港市民的日常生活，而銅鑼灣還是最熱門的購物中心。

李永銓最新的作品，可以視為香港零售業的重新出發。擇物，簡單易明，不過是怎樣選擇，過程又會怎樣，答案就是OOH。

OOH

Vehicle
waiting will be
prosecuted
without warning
停車等候
會被檢控
而不予警告
OOH!
OOH!
OOH!

OOH 除了代表 Outstanding、Overjoy、Happiness 外，其實也是「O 嘴」的意思。「O 嘴」是一個非常地道、非常「香港地」的俗語。品牌除了代表「優秀突出」、「喜出望外」和「幸福快樂」外，也代表每個人看到這些產品都會出現「O 嘴」的反應，是讚嘆，也是過癮，非常具像，非常貼切。

OOH 賣的是現代生活用品，那些改善日常生活的「smart living product」，從時尚配飾、禮物手信、家居生活、個人護理、文具精品到潮流電子產品，外形美觀，充滿驚喜。簡單如一個蘑菇形的文件夾、粉色系的 USB 充電器、彩色組合砧板，你總會心思思想把它們帶回家；又或是那個摩天輪 3D 木拼圖、番茄形壓力球、男孩女孩陶瓷公仔，你會渴望送給你的摯愛親朋。這些產品來自香港、日本、韓國和中國，選擇多元化。

首先在公司找最年輕的設計師 Daniel，創造了三十六個不同人物，從愛因斯坦、差利卓別靈、柯德莉夏萍到哲古華拉，甚至有聖誕老人和耶穌，還有維京人、日本藝妓、埃及妖后、小兔小豬、雪人與中國殭屍等等，古今中外，真實虛構共冶一爐。雖然外表不同，但同樣做出讚嘆的表情，柯德莉夏萍與耶穌一同「O 嘴」，他們的面孔會出現在不同包裝及不同的節日展示上。

OOH 開設在銅鑼灣百德新街翡翠明珠廣場地下，前面是小巴站，佔盡地利優勢，人流非常多，更有不少遊客。李永銓說 OOH 二零一七年聖誕節開幕時，不少產品也賣斷貨，很多人走過都會問是甚麼店舖，又覺得有點像韓國出

ÖOH

ÖOH

品。他認為香港是很現代化的中產城市，這些小禮品手信很受遊客歡迎。可是香港似乎欠缺了這類型的店舖，你想到的可能只是上樓小店，但產品種類不多也不夠精美，然後便是LOG-ON、Francfranc，最多想到無印良品，但再找不到第四間。OOH正是看中了這個市場，事實證明了這種模式很成功。

OOH開業不夠兩個月，反應很好，除了受消費者歡迎，更很快便有很多商場邀請進註，內地更有很多想成為加盟店。「OOH成為了整個市道的強心針。」李永銓說起成功走進內地市場的香港連鎖店，惠康、周生生、滿記等等，但以香港出發的新品牌要打入內地市場需要時間，聰少甜品是其中之一，OOH的成功令他感到興奮。他相信香港還是發展內地連鎖店的踏腳石，每年接近六千萬遊客訪港，當中四千萬來自內地五湖四海，香港有地利優勢，而且還有很多內地人希望來看看香港，看看這個聞名已久的城市。

——今天香港的零售市場還有甚麼優勢？

李 首先要知道香港是個免稅港，所以在香港購物，在價錢上一定有優勢，雖然今天受着地產市道的負面影響，租金出現壓力。其次，香港是密度很高的中產城市，無論食肆或店舖的密度之高，在這三十年間慢慢建立了購物文化、商場文化。高密度的商場和消費點，讓香港的零售業發展蓬勃，消費十分方便，在香港你可以在一天內去五個商場，如果在北京，一天最多只可以逛兩個。第三便是因為商場密度之高，很多新品牌和新產品也喜歡以香港作試金石，所以在香港經常可找到更多更新和有趣的品牌。

——面對網上購物的挑戰，未來的連鎖店應該如何定位？

李 今天的電子商貿針對的客群主要是大眾市場，絕對不是高端，甚至中端也未能達到，可能只是一百二十元以下的產品。所以今天的零售，最重要是針對一百二十元以上的市場。另外，今天我們說去 shopping，不只是為了消費，而是享受購物的旅程和經驗。如果商店能賦予消費者更多的價值和體驗，我認為零售依然是可以存在。

——OOH 的模式是否可以放在任何一個旅遊城市？

李 絕對可以，因為本身的構思是可以針對不同城市的經驗，從而吸納不同的產品。所謂 smart product，生活上最精彩最有趣的產品，當然有其本地性和社會性是相得益，韓國、日本、泰國、馬來西亞、香港，只要產品本身可看到更多本地的文化，一樣可以帶來驚喜。

OOH

時尚生活品牌，以「聰明生活」的理念為品牌哲學，務求為顧客帶來愉快的生活體驗和不同的驚喜。OOH 的品牌概念源自一個十五歲的香港女孩 ELIZA，ELIZA 個性樂觀開朗，對生活充滿熱誠，喜歡尋找新事物，認為生活中可以透過一些創意產品，讓人享受更方便及優質的生活模式。品牌同時得到香港貿易發展局及香港出口商會的大力支持，為引入專利和得獎產品的重要橋樑。

七個重要的品牌策略

SEVEN CASE STUDIES

個性是無可取締的市場優勢

滿記甜品（2002）——創造個性／味道不滿足

CASE 1 - HONEYMOON DESSERT

Baggage Claim

「滿記甜品」最初以甜美懷舊氣氛做包裝，到第二代設計以五隻「甜品怪獸」做代言人，大肆破壞香港舊街，延續第一代的黑色幽默感覺，營造電影感，豐富其獨特性。

一家不起眼、家庭式經營的鄉郊小店，如何搖身一變，
成為分店逾百間、遍佈全國的知名甜品連鎖店？

滿記甜品

HONEYMOON DESSERT

這是最好的時代。這是最壞的時代。

一九九七年七月一日凌晨，風雨飄搖。英國國旗徐徐降下，中國五星紅旗升起。在現場觀看中英交接儀式的每一個人，臉上沒有流露出真正的笑容，只有迷惑和惘然。

很多人以為，設計只是一種美學或者市場學上的計算，其實，一如所有商業行為和藝術創作一樣，稱職的設計者必須凝視歷史、觸摸時代，同時遠瞻未來。

所以，大凡時代轉變，好的設計師，都必須早着先機，抓緊風雲變色的一瞬間，以一葉輕舟，渡過山窮水盡，在無路之境，踽踽獨行，柳暗花明，踏上新的世界。

李永銓其中一個品牌項目「滿記」，正是在香港回歸這個大時代背景之下，由一間鄉郊糖水小店，發展成一間遍滿全國逾百間分店的大型甜品連鎖飲食集團。

九七年到二零零三年，香港人經歷經濟危機下的「六年之痛」。這段日子，香港整體形勢惡劣，總體經濟下滑；在商業市場上打滾的品牌設計師，究竟憑甚麼可以捱過這六年，而且化危為機，交出亮麗的成績單？

首先，讓我們回顧九七回歸後，香港出現的困境。

香港回歸後僅一年，席捲全亞洲的金融風暴爆發，港元面對國際炒家索羅斯（George Soros）的狙擊，當時的財政司司長曾蔭權和金管局主席任志剛，動用了一千二百億元外滙儲備入市對抗狙擊，陷入「不成功便成仁」的險絕之境。因為俄羅斯貨幣突然大幅貶值的變局，索羅斯無暇兼顧，終於撤離香港。香港金融體系雖幸保不失，可是自此之後，香港人均收入和失業率，很長時間回復不到九七年高峰時的水平。

金融風暴對香港的衝擊之大，遠遠超出香港人想像。

香港作為對外開放的經濟敏感體，縱然每次遇到外圍經濟風暴，均首當其衝，可是由於香港同時擁有公平、透明和開放的社會制度，香港總能很快走出陰霾，恢復時間最多不會超過半年。不過，這一次，香港人卻經歷了長達三年的經濟不景。

設計公司　審時度勢

作為一間品牌設計公司，必須有洞燭先機的能力。

九十年代，當政府計劃開放電訊市場，品牌設計師就應該馬上加以研究，早着先機。九十年代中，李永銓為 one2free 和 1O1O 設計品牌，造成轟動之後，其他人才爭相湧入電訊市場，可是李永銓那時就已轉移陣地，搶佔幾年後非常火爆的科網市場。

有人以為設計公司，受經濟大環境左右，只能被動迎合市場，其實，設計公司也可以主動出擊，預判幾年後大勢，早作準備和部署。九十年代後期，其他設計公司紛紛趕至，為科網公司服務，李永銓則悄然離開了科網市場，在金融風暴乍現之際，把業務重心轉移到基建工程。

當時李永銓的估算是，九八金融風暴來勢洶洶，經濟很可能踏入衰退，而各國政府應付經濟蕭條的辦法，則莫不以興建大型基建工程來意圖救市，製造就業人口，並藉此提高 GDP。美國如是，日本如是，中國大陸如是，當日的香港亦不例外。至於花費龐大開支興建基建，最後是否能藉此帶動經濟，創造長遠經濟效益，抑或是一種浪費？現代經濟學的觀點認為，很多為了刺激經濟而由政府推動的工程，不過是人為製造 GDP 的手段，長遠而言，很多竣工的天橋和公路，日後使用率甚低，投資效益成疑。儘管如此，今天各國仍然沒有汲取教訓，凡遇經濟低迷，藥石亂投之際，首先想到要做的還是動用大筆公帑，興建將來可能成效不大的「大白象工程」。

無論如何，事後證明，香港政府果然在九八年之後，大興土木，大型基建一時頓變逆市奇葩。李永銓亦由於做了充份的準備，在最困難的經濟不景期，參與了機場、地鐵和西鐵等預算龐大的設計項目，安然渡過那段艱難的時期。

OUR MISSION
"We want to do the best. If possible, allow us to earn. If necessary, promise you to compensate.
All we want is to do the best."
Bean-Curd

OUR MISSION
"We want to do the best. If possible, allow us to earn. If necessary, promise you to compensate.
All we want is to do the best."
Grass Jelly

OUR MISSION
"We want to do the best. If possible, allow us to earn. If necessary, promise you to compensate.
All we want is to do the best."
Summer Special Mixed

OUR MISSION
"We want to do the best. If possible, allow us to earn. If necessary, promise you to compensate.
All we want is to do the best."
Honeymoon Sweet Ball

OUR MISSION
"We want to do the best. If possible, allow us to earn. If necessary, promise you to compensate.
All we want is to do the best."
Chinese Style Dessert

OUR MISSION
"We want to do the best. If possible, allow us to earn. If necessary, promise you to compensate.
All we want is to do the best."
Chinese Style Mixed

到了二千年，人們開始嗅到經濟稍微復甦的跡象。那時候，香港樓價相對九七年高峰時，下跌了53%，租金下跌了18%。香港部份企業家慢慢察覺到，香港經濟可能已經跌至谷底，無可再跌，目前形勢，一如過去香港發展軌跡，正是低位投資、博取反彈的最佳時機。

這時候與香港復甦同步的現象是，內地正大舉提升工業、同時發展服務業，香港人北上發展熱情大幅飆升。原在國內投資經營工廠的港資企業，因應國內物料、人工急升，亦紛紛另謀出路，尋求在中國大陸的商業和零售服務業領域上大展拳腳。

關於「中港」兩地融合，在這裏有必要補上一筆。香港人一直是懷着複雜的心情迎接回歸的。無可否認的事實是，「一國兩制」之舉，前所未見，「中港」兩地無論在文化和制度上都存在極大差距，一夜之間，香港突然迎來充滿不確定性的巨變，因此，香港人信心不足，對兩地如何融合一直抱持觀望態度。我們參照世界各大企業的收購合併案例知道，大部份合併，都以悲劇收場。強如AOL（American Online，美國在線）收購時代華納（Time Warner），又或SONY收購Ericsson，最後亦因兩間企業文化互相衝突，而難倖免失敗的命運。假如為數十萬人的企業也不能成功融合，何況一座擁有七百萬人口的

右 - 甜品令人聯想到小時候，Tommy Li創作第一代「手造甜品」的視覺元素以小孩子作主題，但他們各有異想天開的想法，帶有一些黑色幽默。

城市？

「中港」的融合和互動，是經歷長時間考驗的。很多人誤會，以為香港的本地消費市場，佔香港 GDP 很大的比例，其實香港 GDP 一向以貿易和服務業帶動。相對二十年前，香港貿易貨品增加八倍，貿易服務增加三倍。香港一年轉口和出口貿易高達三萬二千億。香港直接投資大陸一千七百億，為中國投資總額的一半。早期香港人在珠江三角洲設立來料加工工廠，聘用逾一千萬個勞工。整個廣東省經濟早期幾乎全由香港的投資帶動。

世界進入千禧年，經過多年「中港」互動，香港人漸敢探身北上，而且除了個人消費購物旅遊之外，更有服務業開始進軍中國大陸。香港人打從九七後觀望了三年，正式與中國大陸愈走愈近。世界好像進入了一個大時代，而我們好像一輛裝滿了汽油的跑車，隨時準備向北方全速進發。

同一時間，迪士尼拍板興建，香港竹篙灣填海工程正式動工，香港人憧憬着，鬧哄哄的飛沙走石，可以為沉痾不起的經濟帶來生機。政府同時宣佈申辦二零零六年亞運，雖然最終落選，但已可見當時政府確實出盡辦法，意欲振興本土經濟。其實，這已經是大型基建工程救市的最後階段。

早着先機投身於基建品牌設計的李永銓團隊，察覺到香港當時的處境，表面平靜，其實蠢蠢欲動。

Handmade

如果你觸覺夠敏銳，你可以斷定，衰退快要結束了。衰退一旦結束，最先受惠和強勁反彈的，必然是零售消費行業，而所謂大型基建，已經是一個即將走下坡的過氣寵兒。

李永銓和他的團隊，秣馬厲兵，準備迎接零售消費客戶的出現。他們斷定，這才是未來幾年蒸蒸日上、朝氣勃勃的行業。

這時候「滿記甜品」找到了李永銓。

「滿記」位於新界西貢，距離市中心半小時車程，傳統家庭式經營，老闆娘親自招呼客人，在西貢經營得有聲有色，食品有相當水準，而且不斷改良和創新。當時在西貢開糖水舖的當然不止「滿記」，但數「滿記」最旺最紅，其中一個很大的原因是，該店位於西貢入口，位置優越，門前正好有一大塊空地，用作停車場，風水學上認為那是一個聚寶藏風的開闊明堂，市場學而言，那個停車場的作用，一如商場的戲院，自自然然可以為糖水舖帶來大量人流。

「滿記」一九九五年開業，到二千年，已在西貢開了第二間分店，每年營業額接近八位數字，即使在九八、九九年受金融風暴影響的艱苦時刻，生意略受影響外，業績仍然不錯。「滿記」遇到的難題是，生意似乎已到達飽和階段，業績增長開始放緩。當時面臨的抉擇有三：一、在西貢多開一間分店；二、成立生產線，把產品打進便利店售賣；三、在香港市中心核心地帶開設分店。

不打廣告　創造奇蹟

針對以上問題，經過研究和分析後，第一選擇作用不大，因為很明顯西貢糖水市場已經飽和，再開十間分店，不代表利潤可以提升十倍。第二選擇是一個理想選擇，因為借助香港這個全東南亞密度最高的便利店網絡，產品銷售既不必負擔昂貴租金，又可以大幅增加銷量，唯一問題是，投資生產線費用過於龐大，物流和產品QC（品質控制）亦非易事。至於第三個選擇，則是最簡單和相對可行的方案。

首先選取了市中心旅遊區、年輕人消費區作為建立連鎖店的落腳點，即銅鑼灣、尖沙咀和中環一帶。「滿記」負責建立中央廚房和物流系統；品牌設計團隊則負責整個品牌系統，包括名字、形象、室內設計和宣傳策略。由於一開始就決定不花一毛錢作為打廣告的費用，所以品牌系統尤其顯得重要。

改變品牌形象的首要問題，便是給人第一印象的店名。據調查所得，「滿記」原來的名字，給人一種十分保守、十分傳統的感覺。這個名字放在新界郊區，並沒有問題，甚至產生匹配的感覺。大家可以想像，如果你在六本木開店，店名叫做Sakura，又或者你向朋友介紹一個超模女友，她的名字卻叫做

手造甜品

西貢滿記出品

HANDMADE DESSERT ®

「玉鳳」；這樣的名字會對產品本身構成負面作用。當然，對客戶而言，既然當初生意是靠本來的名字起家的，如果全面撇去本來的名字，在感情上確實難以接受。

最後得出來的方案是，新店舖名字叫做「手造甜品」，在這幾個大字之下，有一行細字，表明「西貢滿記出品」。如果堅持只用「滿記甜品」打年輕人市場，最初可能會舉步難行；相反，如果「手造甜品」能吸引年輕消費客群，則上述那種以較含蓄手法帶出母公司「滿記」的做法，反而可以連帶讓年輕人慢慢接受來自西貢的「滿記」也是一個潮流品牌。兩、三年後，市場反應證實，「滿記」已廣為年輕消費者接受，「手造甜品」的名字就慢慢淡出了市場。

甜品賣的是感覺

在八十年代，消費市場未成熟，一個名字或者 Logo，可能已足以打動消費者，不過，這種手法至今早成過去。一個名字，只是品牌策略的第一步，今天的消費者不會因為你叫「李嘉誠」就以為你有二千億身家，更重要的是，你做過了甚麼，有甚麼行為，對方才能說出你是甚麼人。

過去十年，李永銓所做的設計，全部與 Visual Branding 有關。一個 Logo 等如一個人的名字，視覺元素的 DNA（基因）就代表了一個人的行為。如果

右 - 初期「滿記甜品」由西貢走入市區，先以「手造甜品」名號打入市場，兩年後大家熟悉此品牌後，則用回「滿記甜品」這原名。

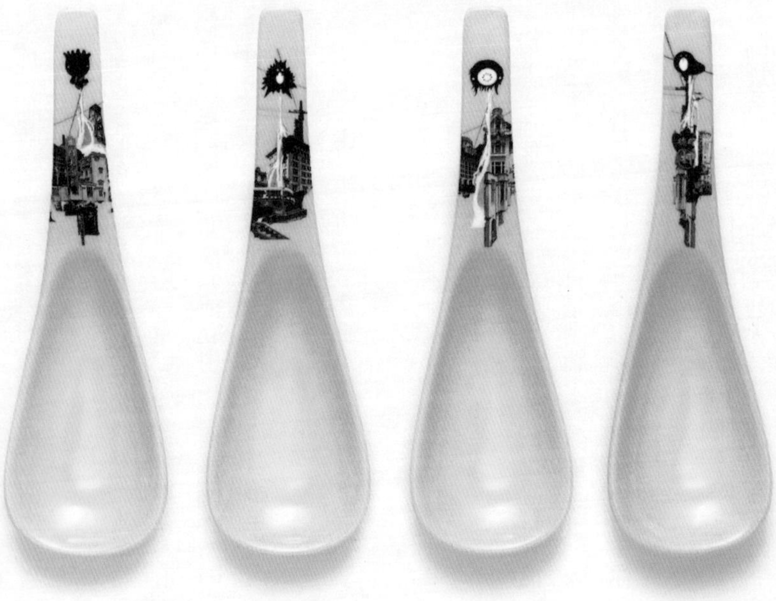

你僅僅擁有一個好名字或者好 Logo，而展示不到任何視覺品牌元素，市場根本不能分辨出這個產品。而展現視覺品牌元素最重要的一點，就是創造出產品的個性。

在大眾市場，消費者選擇或拋棄一件產品，取決的因素就是該品牌的個性。

李永銓非常強調品牌的個性，他說：「只有讓人感動的記憶，才會產生功效，形成所謂個性化。」這不止於美學或設計學術上的問題，更重要的是市場上成敗的問題。「如果沒有形成那種影響力，設計師的價值就會慢慢消失。」

製造話題

設計甜品的整套視覺元素時，甜品本身反而沒有被展現出來，因為甜品雖然重要，但在年輕人市場，他們根本難以辨別出這種甜品跟另一種甜品質素相差多少，他們更注重的是整體形象。甜品舖要創造一個全新的個性市場，賣的不是甜品，而是感覺。從 Logo、湯匙到室內設計，遍滿了引起年輕人話題的東西，這些話題可能來自牆上裝飾用書櫃裏的一本書，又或者一個整天想着壯男的小女孩形象。這些充滿話題性的東西，是刻意放進去的，因為以今時今日標準，若果顧客進入店舖，吃過東西，離開時的評價只是「東西好

右 - 第二代的設計連所有餐具的形狀均是自家原創設計。

吃，座位舒服」，則只是一間「有眼耳口鼻」的食店而已，實在難以突圍而出。所謂話題，轉化過來就是口碑，大凡一個新推出、大受歡迎的手提電話，或者一部打破票房紀錄的電影，都一定有很強的話題性。以在香港收六千萬、打破周星馳《功夫》（2004）票房紀錄的台灣片《那些年，我們一起追的女孩》（2011）為例，該片從角色、情節、音樂都充滿話題，以至電影中角色的真人版，也遭影迷在互聯網上「人肉搜查」；如果沒有人興趣討論那齣戲，這部電影可能放映兩星期就要落畫了。

進入「滿記」，其中一個話題是店內必然有的視覺基因——書架裝飾。這些書和書櫃，營造了回到家的私密感覺。當初設計這個書架裝飾時，設計團隊連擺甚麼書也要苦苦思量，曾想過放哲學書、放知識分子看的書，甚至想過全部放滿漫畫。最後我們決定用設計精美的書。攝影師到了李永銓公司，拍下他們的書櫃珍藏，製成牆紙，貼到每間「滿記」分店的牆上，細心的顧客會發現，書櫃內盡是設計書籍。

另外一個充滿視覺基因的設計，來自該店的匙、碗、碟等餐具。許多大型飲食集團，只會買現成的杯碗碟，而不會投放資源重新設計餐具，他們寧願把錢花在豪華的燈飾上面。相對而言，李永銓的策略是從小處着手。每個來消費的人，未必要去上廁所，未必能欣賞該店廁所的豪華裝修，可是他必然會接觸的東西，除了吃進肚子的食物，就是盛載食品的餐具了。他來十次，就會

接觸到那些餐具十次。這批充滿黑色幽默元素的精緻餐具，所費不菲，因為僅是其中一款餐具，其鋼模製作便要約八萬元。雖然投資巨大，不過，李永銓作為整個項目的創作總監，一早就預計到，這套充滿特色的餐具，一定會有人拿來收藏。如果這套餐具能吸引食客收藏，無形中等如不斷呼喚「中招」的食客繼續光顧。因此，投資巨大的餐具不僅以獨特的視覺元素創造出「滿記」的個性，還有實際的促銷作用。

事實上，當年還沒有一間擁有獨特個性的甜品舖，因此李永銓一早就預計到「滿記」必然可以攻佔這個完全沒有對手的真空市場。

「沙士」來襲

從二千年到二零零三年，「滿記」由西貢三間分店，擴展至市中心各處接近二十間分店。正欲大展拳腳之際，香港突如其來遭到一場恐怖的傳染病侵襲。

那年新春，前民政事務局局長何志平到車公廟求籤，為香港求得一支下下籤。兩個星期後，傳染病襲港，非典「零號病人」、中山大學退休教授劉劍倫，出現在香港京華國際酒店，展開了香港「沙士一百天」的序幕。

那段日子，很多事情至今仍歷歷在目。從二千年到二零零三年，香港經濟正緩步復甦，忽然一種新型冠狀病毒「沙士」來襲，一向極少天災的香港，出現災難局面。世界衛生組織隨後宣佈香港成為疫埠，「淘大」居民被隔離，沒有人想上街，上街的人個個戴着口罩。每一天都在看新聞，這邊廂說學校要停課，那邊廂公佈最新死亡數字，旅客數目大跌七成，機場靜幽幽。這三個月，香港好像遭到核彈襲擊一樣。香港經濟再陷絕境，香港人苦不堪言，心情沉重。

張國榮離我們而去

二零零三年，四月一日，「沙士」肆虐期間，張國榮從文華酒店跳樓身亡。那一天，李永銓記得十分清楚，是他提交「滿記」打進中國市場的第一份設計方案的日子，主題為水果怪獸肆虐香港。他隨即從小西灣辦公室驅車到香港大會堂，準備出席劉小康的個人展覽開幕，經過中環，遇上塞車，馬路封了線，警車泊在現場，狀甚緊張。李永銓收到短訊，說張國榮跳樓自殺，他不相信，以為是惡作劇。那天晚上他和女友吃飯，兩人同時收到短訊，消息證實張國榮跳樓死亡。

李永銓當天戴着口罩，突然心裏感到強烈的震動：「不只經濟和生命，連我們熟悉的人物，也離我們而去。」

李永銓說，有三個人的死亡，令他感受最深。第一是李小龍，因為李小龍開啟了他看電影之門，第二是約翰．連儂，他在紐約寓所門前被槍殺的消息傳來，李永銓和當時讀理工大學的同學，各自帶着一堆黑膠唱片，在長洲租住的單位裏，搞了一場通宵追悼音樂會。第三是張國榮，一個藝人從出場被人喝倒彩、遭人恥笑，到最後成為萬眾巨星全因他保留了自己的個性。

原來一個人可以突然紅到發紫，原來時來運到，雖然蓄鬚穿裙，仍然可以贏盡歌迷讚賞。有時候，藝人浮沉，難以解釋，只能歸因於三個字：觀眾緣。可是，時運逆轉，萬人迷卻飽受情緒病困擾，最後自殺而死。

苦盡甘來

這個非常時期，每個人都在想，人的生命價值為何。也是在許多人絕望感到痛苦的這個時候，我們學會每天致電給朋友和家人，噓寒問暖，原本看來冷漠的城市，因「沙士」而變得互相關懷。甚麼獅子山精神、香港價值，本來就是一些「三毫子」廉價文化，聽着總是讓人生厭，但是在那一刻，香港的專業團隊呈現的無我精神，令人肅然起敬。香港的前線醫護人員，一個接着一個倒下，沒有人知道下一個倒下的是誰，可是他們仍然堅持取消假期，留在醫院應付疫症。「沙士」展現了我們人性光明的一面，同時也是一個很好的時機，讓我們停下來，好好計劃將來的道路。

神秘的病毒，忽然來了，三個月之後又忽然消失了。連續兩周沒有新症，世衛宣佈解除香港疫埠名稱。那一天，李永銓和一班好友相約在中環蘭桂坊慶祝，大家脫下口罩，熱烈擁抱，那種歡騰，很久沒有試過。香港經濟起伏周期一般為六個月，可是這次低潮，經歷了三年，又經歷了三年，足足有六、七年時間經濟陷入衰退。

二零零三年七月一日，五十萬人上街遊行，反對政府各項不得民心的施政措施。經過半年積聚的壓力，每個人都爆發了。兩年後，香港行政長官董建華因健康理由宣佈下台。那一天是星期五，李永銓還記得，久未塞車的過海隧道，復現塞車長龍，到了食肆，沒有位子，幾乎全部大排長龍。

進軍大陸

二零零三年之後，還有「自由行」和「CEPA」[1]政策。雖然「自由行」對香港 GDP 實際貢獻不算大，不過劫後餘生，遊客增加三成，香港人心情變得十分愉快。

根據統計數字，二零零零年，訪港遊客為一千三百萬，其中內地遊客為三百八十萬，開放「自由行」之後，內地訪港遊客大增，二零一零年全年四千

1 ——《內地與香港關於建立更緊密經貿關係的安排》（Mainland and Hong Kong Closer Economic Partnership Arrangement）縮寫「CEPA」

上 -「滿記甜品」特別設計紀念品做短期促銷。

萬遊客之中，來自中國大陸的佔了二千多萬人，消費額高達一千一百三十億。從二千年到二零零三年，一個明顯的趨勢是，香港服務型企業和零售企業，更願意北上發展。「滿記」這時候也計劃以特許經營的方式進軍國內市場。

籌備「滿記」北上設計方案時，正值「沙士」，那時「滿記」生意自然大受影響，出乎意料，以黑色幽默和懷舊香港情懷為特色的「滿記」，並沒有倒下來。事實上，當時香港人普遍心情低落，對前景十分悲觀，個個都不敢到高級消費場所消費，反而以廉價取勝的快餐店其門若市。這時候，「滿記」賣二十餘元的甜品，很容易就成了香港人的心靈安慰劑。

「沙士」以後，香港人好像覺得跟「滿記」共同渡過一段艱難歲月。在那個最艱苦黑暗的時期，「滿記」這個品牌通過了嚴酷的考驗。

到目前為止，「滿記」是少數能屹立大陸的香港零售業品牌，最主要原因，除了那種「香港情懷」，那熱情服務態度，更重要的是品牌系統發展成熟，小至湯匙，大至裝修，皆具有劃一的視覺品牌元素，如果自己的品牌系統混亂，不要說很容易給人「模仿」，連自己也難以用連鎖店經營的方式立足國內市場。

現在的消費者，享受的再不只是產品，他們享受的是感覺，是一次消費經驗的旅程。譬如大家都用上昏暗的燈光和風格接近的裝修，可是如果欠缺主題，展現不了產品個性，一切都將徒勞無功。

「滿記」的品牌系統，用一種很有趣的方式跟你說故事，那是一種充滿香港情懷色彩的故事，對所有中國人來說，以前的香港，在他們心目中佔了很重要的地位。其中香港七、八十年代的電影，正是香港重要的普及文化。因此，二零零五年「滿記」正式北上發展時，視覺主題為五隻水果怪獸不斷蹂躪香港大廈，表現方式則酷似七、八十年代香港低成本災難特技電影的宣傳海報。這是將該店最常用的五種鮮水果，化身成可愛的怪獸figure，再混合香港的懷舊元素，製造出一種獨特的黑色幽默。

品牌就是風格

製作人最初想把水果怪獸放在中國，大肆破壞中國的地標式建築，可是考慮到中國人的意識形態，或會認為這樣做政治不正確，大逆不道，於是，最後還是把背景改為香港。結果新主題一出，不但在國內大受年輕人歡迎，連香港人也非常喜歡。如果你問香港人，香港人會覺得水果怪獸能把禮賓府（行政長官官邸）炸掉就更讓人高興了。

全球趨勢大師大前研一曾經表示：「普通品牌，一定要建立自己本身的風格，如果是高級品牌，附加價值則具有決定性作用。我們之所以會擁護某一個品牌，無疑是因為其性格和風格徹底征服了我們。」

我們在 UNIQLO 買一件白色內衣，會覺得自己是在買一個有個性的品牌，我們很自然享有一種優越感或者滿足感，因為儘管售價不高，但那個品牌代表的是知名設計師創作的產品。另一方面，如果我們買的是另一個知名但毫無個性的品牌服飾，我們就完全享受不到一種購物的快感和樂趣。

品牌策略所做的一切，說到底其實都是為了打造和建立該產品的個性。「滿記」新品牌形象維持黑色幽默和香港情懷元素，同時展現更 spicy（辛辣）的感覺。這完全是經過長期商業調查的結果。由於個性突出，取得新一代年輕人認同，「滿記」國內分店每開一間即造成轟動，目前其全國分店數目已超過一百間。

跟「滿記」同時進入大陸的，還有香港一些巨型飲食集團，實力雄厚，資源充足，不過最終成果反不及前者。情形就像大衛打贏巨人哥利亞一樣，戰勝大財團的資本就是兩樣東西：靈活和速度。「滿記」沒有龐大管理架構，決策靈活，隨時應變，反觀大財團層層請示批准，反應有如大象轉身，自然比不上跳脫機靈的兔子。此外，以特許經營連鎖店而言，能在最短時間內開設更多分店，即能讓品牌文化由虛而實，繼而造成品牌累加效應，這就是速度制勝。

二零零三年，是「滿記」決心打入大中華市場的一年。那一年，「沙士」肆虐，百物卻因此而重生。無綫電視劇集《天與地》說：「Hong Kong is dying。」其實這句對話亦潛藏在當日許多香港人的腦海裏面。

李永銓直言，設計五隻水果怪獸襲香港時，其實是「沙士」襲港時個人心情的折射，覺得與其給「沙士」打垮香港，不如用水果取而代之。這是一種自嘲式的黑色幽默。當其時，路沒車，舖沒人，機場空空如也，口罩比紙巾好賣。香港恍如遭天火焚城。有關創作，完全受「後沙士時代」影響，創作人不過是把想法埋藏心裏而已，深怕這個「沙士式」幽默，可能引起部份人士不安。其實早在二零零一年，紐約雙子塔大廈遭遇恐怖襲擊，李永銓有感而發，創作

了一張以天安門牌樓為廢墟的反戰海報，獲評審大獎。這張海報以人世無常、曾幾何時富麗堂皇的建築，一夜之間，可被戰爭摧毀為主題，可惜由於牽涉天安門遭破壞的影像，該海報被禁在中國出版物內展現。

關於甜品，李永銓還有這樣一句針對小偷（或稱收藏家）的黑色幽默。

「甜品意味甚麼？飯後吃甜品，代表你一天辛勞的工作，已經結束。這時候，你應該忘卻白天一切煩擾，讓自己在全無壓力下充滿笑聲和黑色幽默。吃完甜品，你順便把我們的湯匙拿走，我們只當作這是你對我們由衷的欣賞，你儘管拿走好了。當然，我更希望，你接着再來七次，因為我們全套餐具，總共是有八件的。」

——在國內設立分店時強調「滿記」來自香港，有何優勢？

李　香港是甜品基地，香港人嗜吃甜品為中國人之冠，因此能立足香港的甜品舖，都經過甜品專家（即香港人）的味覺考驗。當然，更重要的是，香港品牌在食品安全方面，給人更大的信心。

——為何中國大陸愈來愈多人喜歡吃甜品？

李　中國城市一如香港，房價愈來愈高，房子面積卻愈來愈小，由於現代房子尺寸已不足體面地應付一般社交聚會，人們開始選擇在外面餐館小店會面傾談。除了正式菜館，人們還喜歡到 Coffee shop 或者甜品舖，一邊享用較輕盈的食品，一邊聊天。咖啡店和甜品舖因此應運而生。

——為何「滿記」的主題視覺元素不斷改變？

李　「滿記」由最初的懷舊小孩子，搖身成為視覺效果更強烈的水果怪獸，是因應市場環境和品味而改變，如果一個視覺主題經歷十年也不改變，在今日變化甚速的社會，恐怕很快就會遭到唾棄和淘汰。「滿記」即將進行第三波改變，屆時會轉向高檔和中產的定位。

滿記甜品

「滿記甜品」成立於一九九五年，最初只是一間位於香港鄉郊的家庭式糖水店，公元二千年經過一輪品牌改造後，現在已發展成一間分店逾百間、遍佈全港九和中國大陸各省市的大型連鎖甜品專門店。

安撫消費虛榮感

上海錶（2009）——產品增值／從國內到國際

SHANGHAI
since 1955

「上海錶」以 Eric Giroud 精製的陀飛輪打響頭炮，成功由一千五百元的身價提升至十五萬元。第二代的「上海錶」陀飛輪錶冠置於十二點鐘位置，是 Eric Giroud 的嶄新設計風格。

國內品牌如何透過品牌增值，成為頂尖的富豪級商品？

一向只能賣一千五百元的手錶，如何能在一夜之間賣到十五萬元？

SHANGHAI

since 1955

「上海錶」這個充滿奇蹟的品牌企劃個案，李永銓獲邀接手，始於二零零九年。在未論及這中國品牌如何變成鳳凰之前，我們必須先解剖當時的經濟大勢，以及國內高端品牌當時所處的市場環境。

這一年，是二零零八年「金融海嘯」肆虐全球、幾乎推倒全球經濟的第二年。這場「金融海嘯」是自第二次世界大戰以來，地球上所發生的最嚴重的經濟危機。事件肇因於 CDS 等金融衍生產品，最後牽連到美國第四大投資銀行「雷曼兄弟」破產，繼而觸發連鎖式崩盤。這次危機，是人類歷史上整個金融體系最接近破產的一次，情勢甚至比一九二九年美國大蕭條時更為嚴峻，而其中所涉銀碼，亦是有史以來最為龐大的。

金融體系陷於崩潰邊緣，全球恍如面臨一場「金融沙士」。全世界大部份地方都受波及，惶恐慌亂之中，沒有誰可以獨善其身。即使中國經濟體系尚未完全對外開放，倖免於難，沒遭逢滅頂之災，但中國政府動用外滙投資之外國債券，亦因此遭殃。國內人民雖無直接金錢損失，但歸根究底，中國的外滙來源也是人民。

二零零八年之前，香港有過五年景氣階段，即從二零零三年到二零零八年，香港經濟觸底反彈，漸次復甦，回復較為理想的經濟發展狀況。這五年來，「中港」股票經歷大小陽春，儘管偶有回落，不過是整體形勢趨升的一種段落式調整而已。

一如之前所述，設計師成功的立足點取決於對市場的判斷，如對世界經濟一無所知，即等於對市場狀況認識不深，在無知情況下推出的設計，成功只是出於幸運和偶然，長遠的失敗則成了必然。

二零零八年，世界經濟陷入衰退，至今陰霾未散。不過，踏入二零零九年，經濟乍露曙光，頗有復甦之勢。首先，香港地價短暫一跌後，翌年迅即反彈三成，部份豪宅價格甚至還超出「金融海嘯」爆發前的水平。其次，恆生指數從二零零九年三月時的 11,345 點，急升至八個月後的 22,900 點，不足一年時間，恆指大幅回升一倍。

根據過去歷史，香港作為完全開放的金融中心，每次遇到重大全球危機，外國資金必率先從香港撤資回流美國救亡。那就好像一個人，當心血不足時，寧願先犧牲雙臂雙足，讓血液回流心臟，以保存最重要的人體器官。一等美國喘定，那些回朝救駕的資金，為了尋求更高回報，又會大舉回流外圍市場。因此，處身外圍、對國際資金流出流入不設限制的香港，出事之初，股票跌勢之急，難以想像，然其恢復之快，亦是迅雷不及掩耳。

來勢洶洶的「金融海嘯」，驟來驟去，到了二零零九年，大量資金又湧回來了。

那一年，近七十間公司透過IPO（Initial Public Offerings，首次公開招股）在香港上市，集資額接近二千四百億元，冠絕全球金融市場。香港再次被外界評為全世界最自由經濟體系。

香港的高端品牌零售市場

「金融瘟疫」一下子殺上來，一下子隱伏，而這時候，以售賣高端品牌為主的高消費層「戰場」，卻悄然在香港以至中國大陸市場冒起了陣陣硝煙。人民幣相對港幣大升，中國大陸大量遊客和投資者來港，他們大舉購買高端品牌產品，同時大舉在港購置物業。香港儼然成為一個高端消費樂園。

中國高消費層喜歡在香港消費，跟香港本身擁有銷售高端品牌的長遠歷史有關。

基於各種歷史原因，香港是當代華人社區之中第一個湧現大批中產階級的城市。香港所謂中產，大約指年薪介乎三十五萬至一百萬的人群，這批人是香港薪俸稅的主力。香港中產最早在七、八十年代已經形成，他們對品牌之渴望明顯。以亞洲而言，日本、香港和新加坡，中產形成偏早，而中產剛形成之際，往往亦是他們購買高端品牌欲望最熾熱的時候。為甚麼亞洲中產新興地區，先後皆湧現搶購名牌商品風潮，而其瘋狂程度，竟如出一轍？一來是基於亞洲民族飽受殖民侵略的逆反心理，二來是中產階級形成之初，最需要向別人證明自己的身份地位。在一個中產興起的社會，如果與人初見面即猛誇自己是律師、醫生，未免流於無禮自大，於是，使用高端品牌產品，即成了含蓄地透露自己身份地位的方法。這些身份象徵，包括一隻名錶、一輛跑車，或者座落於貴價地段的住宅。

一個地方若尚未出現中產，高端品牌寸步難行。可是，中產階層一旦形成，追求高端品牌就勢若燎原，不可阻擋，成了一種現象式的潮流趨勢。

不過，對高端品牌的消費，是有階段之分的。最初的消費最狂熱，這段狂熱的階段可以維持十多二十年。然後，慢慢踏進較成熟的階段。

以目前的日本為例，二零零六年日本全年高端品牌的消費額為一兆九千億日圓，到二零零八年，有關消費跌至九千億日圓，比兩年前大減一半以上。有人將之歸因於「金融海嘯」令大市崩塌，又或歸因於日本經濟泡沫爆破後，經濟下滑、積弱而造成今天高消費極度低迷。當然，以上原因固然產生一定影響，可是那不是最核心的原因。日本經過戰後黃金三十五年發展，享受了很長時間的 Good old days（美好的舊日子），日本民間積聚財富之多，遠超一般人想像，他們的銀髮一族，至今往來歐洲消費，平時出入高級餐廳不輟。亞洲諸國之中，人均收入及儲蓄，日本排名第二。排名第三的是新加坡。至於排名第一的，則是香港。

何以日本高端消費停滯不前？

第一，不是因為缺錢，而是受到消費情緒影響。日本過去十多年遭受經濟發展瓶頸掣肘，消費者對未來沒有信心，消費情緒難以高漲。所謂「快樂消費」，是指如果消費者不能懷抱着愉快的心情消費，高端品牌市場就難以興起。換言之，唯有在「快樂消費」的消費模式之下，高端品牌才會有市場。日本過去十多年面對的問題，只能令他們表現得更為審慎，他們實際仍擁有最強的消費實力。

第二，真正重要的原因是，七、八十年代踏進高端消費頂峰的日本消費者，現在已走進成熟的階段。他們對自己之身份和生活已有認可，他們再不需要透過一個品牌，去肯定自己的存在價值。

高端產品的三個消費階段

這也是二零零零年後，日本高端時裝往下走，而 Fast Fashion[1] 大行其道的原因。日本和歐洲時裝界近十年出現新的消費模式，就是邀請頂尖的設計師去為大眾設計時裝，例如 UNIQLO 和 H&M。如果你能用三百元買到設計師的產品，誰還會用三千元去買一件 top brand（頂級品牌）呢？為了適應踏進成熟消費的客群，H&M 在市場上取得極大成功，因為你可以用相對便宜的價

1 —— Fast Fashion 是一種新的時裝銷售模式，於九十年代末到二千年興起，背後的理念是盡快將最新的時裝周潮流元素，帶到大量生產線和大眾銷售市場，讓消費者可以用相對較低的價錢，享受知名設計師主導的時裝產品。代表商舖包括來自瑞典的 H&M、西班牙的 Zara 和日本的 UNIQLO。

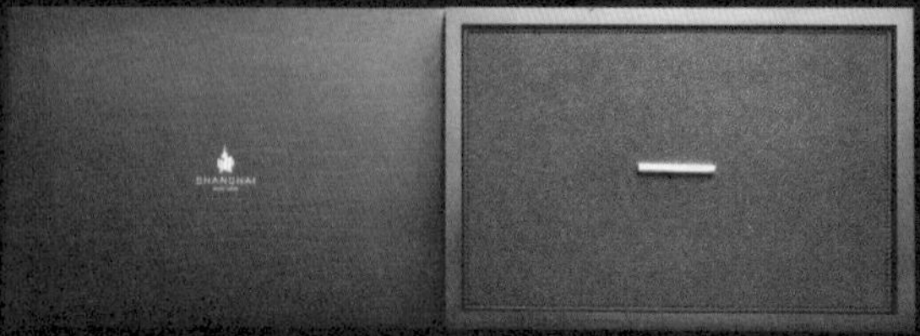
SHANGHAI

錢買到 Versace 或者 Comme des Garcons 設計的時裝。

認識高端消費的三個階段，有助品牌設計師預早為特定的市場把脈。第一階段，為狂熱階段，中產剛興起，急於尋找身份認同，表現最為瘋狂，如目前之中國高消費客群。第二階段，為認識階段，消費群逐漸由不問緣由，演變成講求對產品的認識，這階段的消費層往往更了解每個品牌背後的獨特文化背景和理念，例如以前喝紅酒沒甚麼講究，到這個階段則開始講求釀造年份和產地，這是一個相對理性的階段，而這階段維持的時間可以頗長。第三階段，是成熟階段，亦是智慧型階段，除了講求物有所值，每購買一件高級品牌必經仔細思量外，更重要的是講求購買該產品的投資價值，在這個階段，消費者對產品的認識已達專家級數，他們會選擇最頂尖的品牌以至於最頂尖的型號，普通名牌產品已滿足不了他們，如果是買名錶，一般高端品牌他們未必鍾情，他們一旦要買，買的已經是一隻古董 Patek Philippe，又或者是一隻品牌歷史悠久、而且限量生產的陀飛輪。

日本人目前已經進入第三階段，香港人則已進入第二階段。正由於香港人已處身第二階段，所以在七、八十年代，香港每年人均收入一萬美元時，無數人排隊去買 LV 產品，反觀今天，香港人均收入超過四萬美元，香港人湧到名店買名牌的數量卻大為減少。香港人對高端品牌的消費，已趨於冷靜理性。

高端品牌起源於歐洲，繼而在美國造成巨大影響力，並在日本掀起狂潮。

不過，時至今日，全世界最狂熱的高級品牌消費市場，只餘下一個，那就是目前剛剛踏進第一階段的中國市場。全世界品牌的生產商，都十分清楚，無論是在紐約的第五街、倫敦的牛津街，以至巴黎的香榭麗舍大道，高端品牌的營業額，六成來自中國遊客。他們的消費情緒最為樂觀，同時是全世界高端品牌的最大支持者。

因為中國高消費層客群形成，香港得其地利，又兼長久銷售高級品牌的傳統優勢，自自然然成了中國遊客購買高端品牌的樂園。香港尖沙咀廣東道有好幾間著名錶行，每天早上，至少能向中國遊客售出一隻逾百萬元的名錶。在這條集中了無數名牌的街道，舖租每月高達一千五百萬元到二千萬元。對於以大陸高消費客群為對象的金行和錶行，上述駭人聽聞的昂貴租金，他們完全可以長期負擔。

這群消費層可能只佔全中國 4% 人口，可是有一說法指，他們擁有全中國 95% 財產。換算下來，這批人數高達五千萬的富有階層，比歐洲許多國家的人口還要多。這些人受益於鄧小平讓部份人先富起來的政策，他們最大特徵是，對任何高端消費產品都有莫大興趣，尤其偏向外國名牌。歐洲人對此自然樂觀其成，他們甚至放言，中國本身沒有能力製造高端品牌。事實上，觀乎在中國打出名堂的本地名牌「上下」（一個以上海為基地的本土名牌），背後其實靠的是法國品牌 Hermès，又觀乎聲稱產品來自意大利的天價傢俱品

左 -「上海錶」陀飛輪系列以人手打造的楓木盒作包裝，配以皮內蓋及旅行用皮袋，以配合其身價。

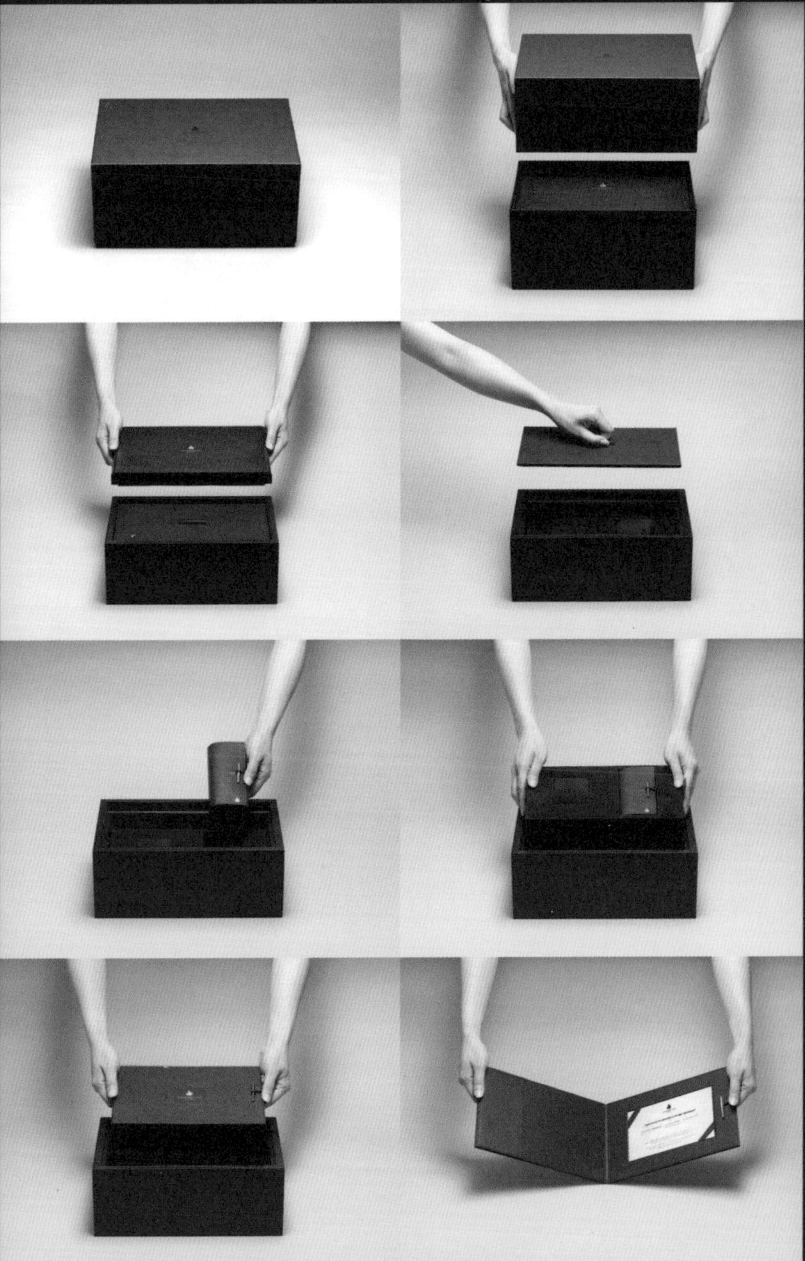

牌「達芬奇」，後來被國內傳媒揭發涉嫌偽造產地證明，即可見中國人對創造自己本地生產的高級品牌，信心不足，決心不夠。當今中國，堅持用「中國製造」來打造高端品牌的產品，市面上絕無僅有。

唐朝盛世　只能追憶

中國擁有十三億人口的市場，居然出不了的高端品牌，這件事說起來，實在無法不使人感到困惑。在日本，Yohji Yamamoto（山本耀司）令德國品牌 Adidas 二零零一年起死回生，並引發運動與時尚結合潮流。近年，外國品牌紛紛向日本設計師招手，Kenzo（高田賢三）、Issey Miyake（三宅一生）和 Comme des Garcons（川久保玲），成為國際炙手可熱的時尚代名詞。

中國是否從無高端品牌？非也。唐朝時，中國海運發達，產品外銷世界，佔了全世界 GDP 一半以上。明朝時，瓷器、絲綢、茶葉，大受歐洲貴族歡迎，當時如果身為歐洲貴族而沒有以上三件名牌，根本就沒有稱為貴族的資格。這些高端產品，一如今天歐洲生產的 LV、Hermès 或者 Cartier，有機會擁有，足以令人艷羡不已。

然而，中國今天產品絕大部份停留在工廠製品，沒有形成與國力發展構成正比的世界一級品牌，那又是甚麼原因造成的？

即使是意大利西西里島上的一個小鎮，以至日本北方一條小村，那裏不是人才薈萃的大城市，可是仍能出產非常高端而精緻的商品，以中國山河之大，卻無一頂尖品牌可以屹立於世界舞台。這現象的唯一解釋是，中國體制過去強調「無產階級專政」，打倒任何走資派，是以稍顯奢華的東西，例如領導人太太出訪時佩戴的一條珍珠項鏈，都會招來批鬥的命運，正因為過去有一段時間，所有高級商品都被「妖魔化」，新一代中國人對高級品牌的認識顯得十分表面。如果認為LV之所以令人沉迷是因為其Monogram（字母組合圖案），如果以為Bentley GT之所以成為名車是因為其飛翼標誌，如果以為這是高端品牌必需的技倆，那無怪乎中國建立高端品牌，舉步維艱，甚至往往欲速不達，適得其反。

中國人經歷過最窮困的日子，如今之企業決策高層，還停留於找一個出名代言人、重新設計一個Logo的層次，這不啻是企業高層與真正高級品牌之間的一道認知上的鴻溝。如果這樣也能成功創造一個高端品牌，那麼這未免太容易了。中國人一直忽略了的是，高端商品最重要的不單是其出眾的品質，而是每個品牌背後的文化象徵。一個高端品牌的擁戴者，必須先接受品牌背後的文化價值，才能產生崇拜心理，不斷消費，而且樂此不疲。若完全忽略品牌背後所代表的文化意義如何重要，你又怎可能正確而成功地建立一個新的高端品牌？

「上海錶」是一間歷史悠久的上海手錶企業，該企業下定決心，強調打正名號，以「中國製造」衝出中國，在世界舞台上建立國際認可的高級品牌。

這個品牌創自一九五五年新中國成立後不久，充滿歷史傳奇色彩。對李永銓來說，這個客戶所帶給他的是，一個非常新鮮而且非常重要的實驗。他接手這個任務之初，就決心要用盡一切可行方案，協助一間可以對外標榜「中國製造」的高端品牌。這個任務固然艱巨，然而，那正是最吸引李永銓的地方。

當時李永銓的設計團隊已經明確知道，中國大陸的高級消費市場已經出現。現在最有意思的事情是，如何幫助中國企業在這個我們一直難以大展拳腳的領域，闖出一片新天地。

「上海錶」的股東當時面對的困難是，他們過去雖然擁有輝煌的歷史，但今天一隻「上海錶」只能賣一千五百元左右，超過這個價錢定位的名錶市場，「上海錶」並沒有能力和信心打進去，更糟的是，這個定價一千多元的中檔手錶市場，慢慢面臨日本品牌手錶的威脅。

回想五、六十年代，「上海錶」堪稱「國錶」，是家傳戶曉的老品牌，佩戴一隻「上海錶」，絕對是身份象徵。那年代，雖說人工分成十九等，但普遍人

SHANGHAI
since 1955

民每月收入三十六元，而一隻上海錶售價高達六十元，上海人結婚，往往要準備一對「上海錶」作為嫁妝（價值相當於當時普通工人四個月收入），方能稱得上夠體面。

不過，時移勢易，今天每隻售價一千五百元的手錶，早就不能算是甚麼奢華商品了。李永銓那天獲邀步進「上海錶」總部的大門，瞧見懸掛在大牆上的黑白照。照片上有四個中國領導人：毛澤東、周恩來、鄧小平和賀龍，他們在等候到訪外賓下飛機之際，互相展示和談論手上戴的「上海錶」。那是一幅富有歷史價值的照片。李永銓當時就下了更大決心，要把這個「國產品牌」推向更高的檔次。

當年的第一品牌，今天面對外國名錶進駐中國大陸，斯人獨憔悴，正停滯不前。近四、五年，不僅是「上海錶」，其他許多中國品牌，都聲稱要建立本地生產的世界品牌，可是每個人都說得震天價響，真正下定決心要做到的，又有多少人？

高級品牌　三大元素

當時國產手錶，能賣到一萬或二萬元的，不是沒有，但數量甚少。在國內，要製造一隻高檔手錶不難，但要在市場賣這個價錢則不是那麼容易。除了要製作出本身的質素和特色，生產者還必須提升產品的三個面向：一、個性；二、背後文化；三、附加值。這三方面同時大幅提升，才有可能成功贏得高級品牌的市場。我們必須緊記，我們買一部法拉利，買的不僅是一部跑車，買的還有法拉利的個性和文化，又譬如說，我們到 H&M 買衣服，買的不僅是衣服，買的可能是歌手 Madonna 的設計。當然，作為高級品牌，一件產品究竟有沒有超出一般產品的附加值，更是不可缺少的成功元素。

研究如何提升手錶的附加值時，李永銓發現，一隻名貴手錶，創製者必然是一家歷史悠久的鐘錶製造商。為甚麼外行人難以步進名錶領域呢？原因是名貴手錶最重要的，不是手工和質料，而是錶的靈魂，亦即該錶的機械設計。這是名錶之所以能成為名錶的最基本元素。

在高級手錶的世界，收藏品入口價最少十五萬元以上，歐洲名錶動輒二十萬元以上，一隻陀飛輪賣數十萬元以上，愛彼錶等品牌價值輕易賣過一百五十萬元。李永銓相信，要呈現品牌的價值，代表鐘錶界最高工藝技術的陀飛輪[2]，是一個適當的切入點。中國並非沒有陀飛輪，問題是陀飛輪設計複雜，一隻手錶採用三百個零件，跟採用三百零一個零件，在設計上已經有天壤之別，正因其機械精細巧妙，設計上稍有失誤，陀飛輪在運行上就會出現差錯，而且陀飛輪錶面呈現機械運作，外觀設計亦必須達至世界級數。關鍵不在製作技術，而在手錶整體設計。中國過去的陀飛輪之所以只能賣一萬至二

2 —— 陀飛輪（Tourbillion）是一個安裝在機械鐘錶機芯中的一個裝置，由十九世紀瑞士鐘錶大師寶璣（Abraham Louis Breguet）發明。陀飛輪裝置原本應用於懷錶之上，因為懷錶長期放在口袋或垂直掛於頸項，受地心吸力影響而導致鐘擺速度出現誤差。陀飛輪利用一系列複雜、精密和不斷旋轉的機械系統，抵消地心吸力對運作系統的影響。二十世紀手錶興起，製作成本和工藝要求極高的陀飛輪技術植入了手錶，代表最高的鐘錶工藝水平，也是高端手錶的代名詞。設計者通常會讓機件運轉部份呈現在錶面之上。

萬元，設計質量遠遜外國品牌，這正是最大的原因。

以陀飛輪設計而言，歐洲當然手執牛耳。「上海錶」假如能邀請歐洲頂級的陀飛輪設計師，共同合作生產，一定可以造成轟動效應，同時一下子把品牌的價值和地位完全提升。

來自香港的品牌設計團隊，最終成功邀請到目前全球二十位最重要的陀飛輪設計師之一的 Eric Giroud 操刀，為「上海錶」設計全新的陀飛輪。歐洲的設計大師完全明白，中國是一個非常重要的奢侈品市場，他們內心不無欲望，要打進這個充滿朝氣和影響力的市場，可是，面對中國的山寨問題，他們難免猶豫不決。香港團隊這時發揮了香港作為與西方制度接軌城市的優勢，取得對方的信任，讓對方確信有關設計必然得到跟歐洲社會一樣的版權保障。

抄襲盜用　中國的致命傷

由此亦可見，中國雖然絕對有足夠財力，採用最昂貴的材料，甚至聘請外國最頂尖的設計師，協助打造中國本身的高端品牌，可是，由於中國在保護版權方面的標準，與外國落差頗大，因此無形中扼殺了許多外國設計大師全面參與提升本地品牌的機會。參照日本戰後發展品牌的軌跡，日本早期跟現在的中國一樣有抄襲外國品牌情況，不過，日本很快就舉全國之力，改弦更張，致力保護版權，促成後來引入歐美專家合作參與日本產品的改革。其結果是日本很快就在外國專家指導下，掌握關鍵技術，繼而發展出日本人打造的世界知名品牌，讓全世界刮目相看。當時日本戰後一代企業家，為了打造征服全世界的日本品牌，頗具破釜沉舟精神，譬如 SONY 的總裁為了贏取美國市場，連同公司七名由年輕人組成的部門主管，二話不說，總動員離開日本，移民美國，務求親自落實征服美國以至全世界的品牌策略。這種果斷的行為，日本年輕一代已不復見，而在中國這個銳意發展的土壤上，也是可遇而不可求。

毋庸諱言，中國大陸遍滿山寨手機、電腦，外國人在中國酒店，每晚都隨時看見電視廣告頻道，明目張膽銷售平價山寨版 iPhone，這些負面影響，對中國想藉着與外國設計師合作創造中國高級品牌，非常不利。更令人感到充滿諷刺意味的是，中國大陸擁有 iPad 這名字註冊權的公司，成功入稟中國法院，向生產正版 iPad 的蘋果公司索償二億五千萬元。

外國設計師擔心跨國合作後，自己版權得不到應有保障，這種疑慮，揮之不去，香港實施西方法制多年，在這方面正好可以發揮橋樑作用。

左 - 第一代陀飛輪由 Eric Giroud 設計，
仍帶有「上海錶」原設計的影子。

由於香港品牌設計團隊的介入，最後促成 Eric Giroud 加盟，這對於提升「上海錶」的附加價值，無疑產生了決定性的影響。Eric Giroud 較早時為 Harry Winston 設計的陀飛輪，價值高達六百萬元。六百萬元的腕錶，確非一般人所願意負擔，不過，儘管狠不下心買下一枚六百萬元的天價手錶，手錶收藏家還是會有興趣，以相對較低的價錢買下同樣由 Eric Giroud 設計的另一件陀飛輪。我們應該明白，任何高級品牌所擁有的三大元素，即個性、背後文化和附加值，其實都在無時無刻照顧着一個字眼：虛榮。Eric Giroud 加上陀飛輪，加上六百萬元的拍賣往績，移植入充滿歷史感的「上海錶」，本身就是一件令人期待的事。

接下來，品牌團隊要考慮的是即將出現的陀飛輪定價。當然，新推出的腕錶，定價可高可低，可以賣十五萬、二十五萬甚至賣一百五十萬。這樣由批發商主導的定價，並不能真正反映該手錶的真正價值。真正的價值，應該由外界權威賦予。因此，Eric Giroud 為「上海錶」設計的第一隻陀飛輪 no. 1，被安排透過歐洲歷史最悠久的 Bonhams（邦瀚斯）拍賣行拍賣。結果，這隻手錶的成交價折算為五十萬港元。

「上海錶」在享負盛名的邦瀚斯拍賣，拍賣價高達五十萬元，這消息經過適當的宣傳和公關工程配合，很快造成轟動效應。這一切，都在品牌設計團隊部署之中。俗話說，有麝自然香，但落在今天浮躁成性的中國人社會之中，已經顯得不合時宜，今天的中國人，不要說一萬年、一百年，就是五年也已太久，一切只爭朝夕，在外國，一個高級品牌的建立，很多需要經過一百五十年的歷史沉澱，但在中國，若只埋首於推出高品質產品，而沒有適當的點火工程配合，第一時間引起市場和消費客群的關注，形成催化作用，則一件產品無論多優秀，在中國這個瞬息萬變、眼花繚亂的市場，也有可能被迅速湮沒，繼而在市場消聲匿跡，成為每年成千上萬消失產品的其中一員。

在拍賣成功後，一個手錶品牌由一千五百元，升價至五十萬元的故事，迅速在全國範圍廣泛流傳。大家爭相探問，究竟這個奇蹟是由哪一家中國品牌創造的。大家很快知道答案：那就是「上海錶」。

引頸以待　火速熱賣

這個消息不斷在鐘錶收藏界醞釀發酵。大家都在議論着：「你知不知道最近有一隻中國手錶，賣到五十萬元？」似乎大家都引頸以待，準備迎接「上海錶」新一輪產品公佈。經過兩個月的等待，第一批共五十隻人手鑲嵌的no. 2 現身，售價只是十五萬元。「上海錶」選擇在香港舉行大型發佈會，Eric

Giroud 亦親臨香港參與此一盛事。

過去只代理外國名錶的香港東方表行，第一次代理來自中國的品牌，他們估計，五十隻「上海錶」，大約一年之內可以賣光。不料，五十隻手錶三周之內已宣佈售罄，這不僅大出東方表行意料，而且破了該錶行的銷售速度紀錄，因為過去歐洲品牌從沒有出現天天有人搶購的情況。更重要的是，所有消費客戶，沒有一個會認為每隻售價為十五萬元的「上海錶」昂貴。如果沒有一連串的品牌設計工程，包括品牌包裝、提升附加值、市場策略，一隻本來賣一千五百元的手錶，絕不可能賣十五萬元，因為消費者購買這個價錢的產品，必然經過理性的衡量。沒有人認為賣十五萬元的「上海錶」昂貴，原因是他們腦海中比較的對象，已不是昔日賣一千五百元的「上海錶」，而是 Eric Giroud 六百萬元的 Harry Winston 陀飛輪，以及在邦瀚斯以五十萬元成交的「上海錶」no.1。

中國本土生產、強烈的歷史感、權威拍賣行所彰顯的價值，構成中國錶壇前所未有、能滿足消費者虛榮欲望的高級品牌。這樣的品牌，三周狂賣，理所當然。「任何一個品牌成功，絕不會出於偶然，一切都是經過計算而得出的結果。」李永銓說。

「上海錶」的故事，引伸出太多話題，包括「中國製造」，包括陀飛輪，包括五十萬元的拍賣結果……這引證了李永銓一直強調的品牌策略重點，就是

「任何一個成功品牌，一定要能產生延續性的話題」。「上海錶」這個已有五十年歷史的品牌，並沒有改名，也沒有偽造外國產地證明，可是，透過充滿決心的品牌重建，這個商品成功走進在中國正發展得如火如荼的高檔品牌市場。

李永銓今天還記得接受有關委託時的心情，他絕不掩飾自己對這個企劃的濃厚興趣。他覺得，時至今日，全亞洲真正能踏足世界一流品牌的，只有日本，中國在這個領域上完全缺席。「我希望可以藉着品牌設計，使中國品牌躋身高端品牌世界，從而引證中國品牌絕對可以成功，他們所需要只是一個門路。我們絕對有能力創造中國的高級品牌，只要我們能滿足消費客群的虛榮心，一切現在看來不可能的東西，最後都可以出現在大家的眼前。」

——「上海錶」選擇在香港而不是上海舉行發佈會和拍賣，有何特別原因？

李 香港在銷售和拍賣高級品牌，有長遠歷史，法制與歐美國家完全接軌，公信力昭著，而且一向是世界鐘錶收藏家的聚集地。香港在高端品牌零售市場，亦享有較高的聲譽，是亞洲最重要的高端消費場。反觀中國大陸舉行的拍賣，良莠不齊，拍賣品的真偽難分，遠不如外國有信譽歷史的國際拍賣行。

——「上海錶」的包裝設計如何滿足虛榮？

李 紙套為最外層的包裝，裏面的木盒，每個皆用楓木人手打造，打磨時間長達數月，收藏價值極高；打開木盒，有一個皮做的蓋子，裏面有一個旅行用的皮包，最底下還有一張出廠證書。一層一層又一層，每次打開盒子，都會引來一聲讚歎，每一道包裝，都創造出一種附加值，包括凹版印刷的信封、信紙，以及銅版雕刻的卡片。這種包裝並不會形成浪費，因為僅看不惜工本的包裝，已令消費者產生想強烈擁有的渴望。這些包裝都是一種經過計算的產品附加值。

——「上海錶」創立於新中國成立早期，你對中國近代歷史有何認識？

李 歷史最重要不是當時發生何事，而是對以後的警醒和教訓。歷史可能充滿黑暗，但我們不要視而不見，不要把歷史真相埋藏，不要丟掉歷史，更不要害怕面對，因為人的一生難免患上各種疾病，根本無可厚非，我們不應視之為一個人的人生污點，而應把這一切視為一張珍貴的病歷卡。我們保存歷史最大的好處，就是可以讓我們後代明白每件傷害我們的事情背後的成因，從而不斷優化自己，避免重蹈覆轍。中國擁有恢宏的歷史，若我們曾經擁有的歷史品牌無法流傳後世，中國未來再不見「上海錶」，再不見「榮寶齋」，只有星巴克，只有麥當勞，則一國之文化遺產蕩然無存，所謂中國，不過是一具血液流乾的已死軀殼而已。

上海錶

一九五五年上海手錶製造廠首次研製出中國自製腕錶，
一九五八年以「上海牌」為注冊商標，推出中國首批量產腕錶，
成為上世紀八十年代前的名牌之一。六、七十年代，「上海錶」曾是人民身份象徵，
深受毛澤東、鄧小平、周恩來等國家領導喜愛。

深入調查　代入角色

bla bla bra（2007）——改變定位／穿透少女心

男設計師將女性內衣變成可愛的公仔
造型，將一個十多年歷史的傳統內衣品
牌改頭換面，成功打入少女市場。

傳統路線的女性內衣，成為時尚少女品牌，整個品牌的視覺基因，大玩黑色幽默，隱藏着少女跳光管舞、陳水扁坐牢和死亡等「現實情節」，品牌大變身的第一年，店鋪業績上升了三倍。

keep a little secret

bla bla bra

二零零七年，香港經濟持續復甦五年，中國開放「自由行」，大陸訪港遊客由二零零三年的三百多萬，升至一千八百萬，經濟上揚，市面氣氛良好。

李永銓那時印象最深刻的電影是杜琪峰的《黑社會》（2005）和《黑社會以和為貴》（2006），這兩部以「黑社會」命名的電影，英名片名是*Election*，對香港制度的現實對照意味極濃。電影表面描述黑社會權力鬥爭，實際是在探索香港制度之轉變。有人稱導演拍的是一部「香港哀歌」。

轉變，或者說市場轉變，是設計人不可迴避、而且必須敏銳地掌握的第一要務。

一如以往，要察覺轉變，一葉知秋，我們須先從宏觀視野開始。

宏觀而言，香港的三級行業，即漁農採礦業、工業和服務業，戰後經歷如下變化。首先是第一級的漁農採礦行業，在四、五十年代興起，六十年代後式微，到二千年後，佔香港收入不足5%。其次是第二級的製造業、建築業以及水電煤等基礎建設行業，這些行業在七、八十年代盛極一時，到九十年代，大部份基建工程包括地下鐵路已經完成，加上工業北移，目前只餘下寥寥可數的幾個大型基建工程如粵港澳大橋和高鐵，等待上馬，這些行業佔香港收入不足一成。香港的第三級行業，即批發、零售、貿易進出口、物流運輸、飲食、酒店、通訊、金融、保險、地產等服務性行業，佔香港收入九成，其中批發零售飲食酒店類別，即佔香港 GDP 近三成。這個項目直接受益於中國開放「自由行」政策。

談及香港三級產業，需要強調的是，香港絕大部份收入來自第三級，因此，政府政策應投放更多資源，支援這個行業，尤其是零售出口的部份，並探索香港在第三級行業未來的發展，而不應耗費大量資源在第一級或第二級行業之上。無可否認，香港採礦行業已經終結，基建發展在香港這個基礎設施已完備的城市，即使投放逾千億元進去，投資效益也不見得可觀。政府在九八年香港面臨最重大金融危機時，坐擁大量盈餘和千億儲備，卻任由負資產問題惡化，一直不肯介入承擔困擾香港二十萬戶家庭的負資產問題，導致銀行追收樓宇下跌的按揭差額。終於在環環相扣下，香港經濟出現長期通縮，投資、就業和消費環境江河日下，而且惡性循環。香港自殺數字在二零零三年達到高峰，共有近一千二百人自殺，較九八年大幅上升近五成。當時的負資產只是帳目題，業主買下的居住單位並沒有憑空消失，照樣有電梯，有大門，有飯廳，如果政府當時宣佈為這些住戶「包底」，在樓價再下跌時，承擔銀行按揭差額，延長銀行追數期，那麼問題就可以從容解決，香港經濟不會持續惡化，消費力也不會不停下跌，通縮不會持續經年，從一九九八年到二零零三年，香港人也根本不必承受那種長期而不必要的通縮痛苦。那幾年，經歷了黃金二十年的香港人，並非沒有財富積蓄，問題是在持續通縮環境下，消費情緒飽受打擊，市面經濟亦欲振乏力。事實上，全球最大的幾次經濟危機，都跟嚴重而持續的通縮有關。

港府這種見死不救的施政失誤，絕不可能在美國或日本出現，即使日本面臨多年經濟衰退，政府仍然長期讓銀行實行零息政策，不然，日本當年地產下滑所造成的惡果將更為嚴重。

香港從一九九七年到二零零三年期間，自殺率攀升，在李永銓身邊，亦有從事廣告的朋友自殺結束生命。他認為，香港復元速度每次都很快，最長不過半年，像這種長達六、七年的施政錯誤，結果造成香港經濟長期不振的可怕局面，如果政府能及早拯救負資產，香港人未必需要承受那些苦楚。

中國大陸開始追求品味消費

無論如何，到了二零零三年，「自由行」「CEPA」等政策，給香港人注入了「強心劑」。香港零售業率先反彈復甦。香港迎接連年增長的國內遊客，由二零零三年三百萬人增至二零零七年一千七百萬人，繼而增至現在二千多萬人。全世界高檔品牌紛紛聚集在尖沙咀廣東道一帶，形成香港的香榭麗舍大道，中港城、港威中心、海洋中心和海港城幾個大型商場連成一氣，成為亞洲最長的超級購物商城。近二千萬的內地遊客，以其中一成為高消費客群計算，這樣的客群高達二百萬，他們的消費力絕對不容忽視。

作為走在市場前線的品牌設計人，李永銓察覺到，市場大勢永遠一波接着一波，一浪接着一浪，由九十年代電訊業、科網熱，到二千年初期的救市大型基建，到二零零三年的零售業……其中的規律是，做品牌設計，時機最好是在潮流之初動手，所謂做頭不做尾，若在潮流大熱時才飛身撲進去，那你不是跳到潮流中心，而是墮進潮流之漩渦，只會搶到「水尾」，事倍功半。相反，早着先機，無論客戶的預算和市場反應，都會得天獨厚，事半而功倍。

每一次大市變動、每一波潮流轉變，都是一次危機，也是一次考驗。設計人要擁有最好的客戶，一定要主動預測，做好功課，不能在潮流迎面打過來之際，才臨急抱佛腳，才研究何謂網站，才研究這個新興行業的形勢，才研究該行業不同企業之間的相互優劣和經營方向。

二零零三年，香港面臨極大考驗，等到「自由行」政策一公佈，李永銓及其團隊已知道否極泰來，下一波浪潮就是最先受惠於經濟復甦的零售業。他們在國內也開始發展愈來愈多的零售品牌企劃，除了香港人投資的「滿記甜品」，還有其他大陸本地零售品牌。

一開始的時候，他們的客戶為大眾化品牌，漸漸地，他們發現國內消費市場改變，高檔品牌零售市場開始出現。這完全反映出中國人民經濟條件正在同步改變。新的消費客戶，對消費有更多追求，雖然大部份平時光顧的，都屬於一些大眾化商舖，可是店舖和產品的新風格，開始成為賣點，他們更樂意消費的，再不是千篇一律的快餐店，而至少是一家充滿品味和時尚的主題餐廳。

回想二零零零年最初進入內地，消費層尚未成熟，無論對市場品牌的價值和認識，皆停留在原始階段，對生活品味的追求，遠不如今天。十年時間過去，中國整個消費市場局面，已經出現了翻天覆地的變化。

談到變化，杜琪峰的電影《黑社會》可謂曲盡其妙，非常有趣，暗示着香港制度之轉變和香港人的適應能力。香港人的特色是善變、容易適應環境，如要在諸種動物之中比喻香港人，則香港人更像一條變色龍。香港人是無根之族群，就像早期的猶太人，他們沒有自己的國土，分散全球，在異地生存，只能靠適應能力。無根之人想尋找自己的根，但哪裏才是自己的根？落在香港，共產黨、國民黨以至清朝的根，在香港都能找到。清朝滿族後人，例如劉鑾雄前妻寶詠琴，電影明星金燕玲，皆為滿州人，一九四九年，新中國成立，香港亦有不少國民黨官兵留下。民國名人如青幫頭子杜月笙和作家張愛玲，皆曾在戰後定居香港。香港人如要尋根，可謂千絲萬縷，這也形成香港人對自己身份一種十分複雜的心理狀況。撇開了固定的身份認同，香港人選擇用「適者生存」的方式過活。《黑社會》裏社團中人慢慢退出江湖，北上做生意，下一代本來一心從事正職，畢業於香港大學，後來卻被迫走進社團內部刀光劍影的世界。整部電影都在反映香港人的變化。

這種基於環境而作出的變化，其實跟品牌設計的世界完全胳合。

胸圍廠家 如何製造少女品牌

二零零七年，中國大陸消費市場，正從大眾化商品，轉進個性化的品牌商品。

當時有一個名叫「芳柔」、在國內有十年歷史的中國品牌，與李永銓取得聯繫。「芳柔」前身為一家 OEM（貼牌生產商）[1] 工廠，替美國一個一線品牌生產女性內衣，總部設在南京，生產技術優良。

根據經驗，中國有不少 OEM 工廠，都曾嘗試轉型，希望成立自己的品牌，兼營零售市場，可惜，結果往往事與願違，這些本業為製造商的自設品牌，不旋踵，鎩羽而歸，很快在競爭激烈的零售市場消失。製造商輕視了零售市場的殘酷性，忽略了生產市場和零售市場屬於兩個截然不同市場的事實。他們要轉變的不是技術，而是整個營運心態。作為生產商，他們習慣以兩毫、五毫計算每件製品的成本，可是當他們轉移到零售市場時，他們不能理解，基於銷售而投放的大量廣告宣傳費用，這些每一分每一毫，為甚麼不能即時生效。二千年以前，大陸消費群並未形成品牌文化，OEM 自己生產的產品，基於價

1 —— OEM（Original Equipment Manufacture），又稱為「代工生產」或「貼牌生產」，即一間工廠受品牌客戶委託製造產品。OEM 模式如下：品牌企業提供知識產權（專利發明、技術、產品設計、品牌）給一間工廠，委託對方代工生產，受委託的工廠按對方訂單和要求，製作完產品後貼上對方的品牌，再交回給對方銷售，受委託的工廠從頭到尾不曾擁有該個品牌。

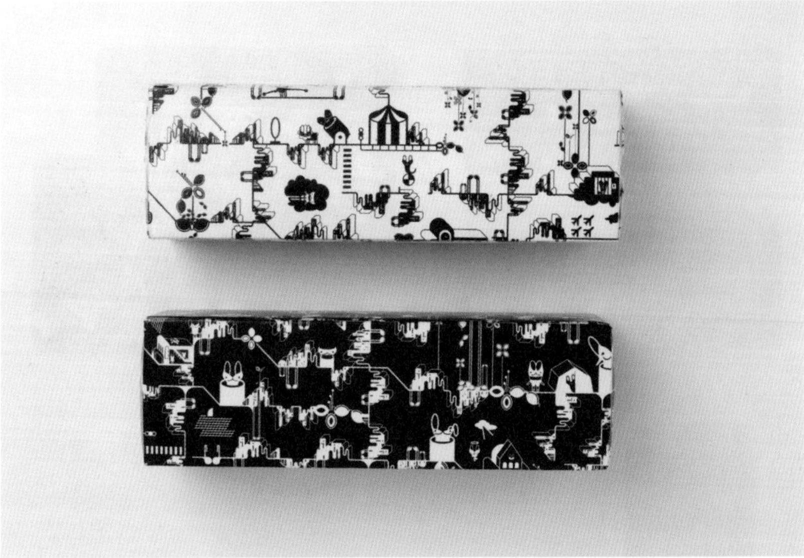

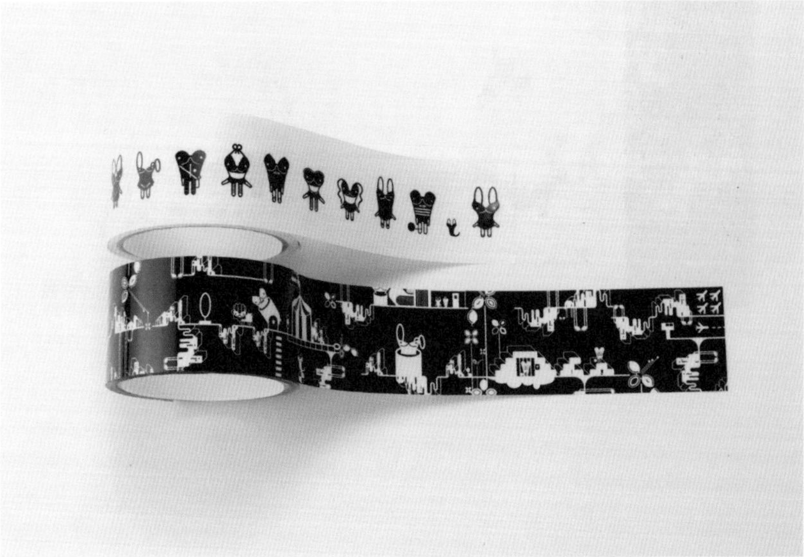

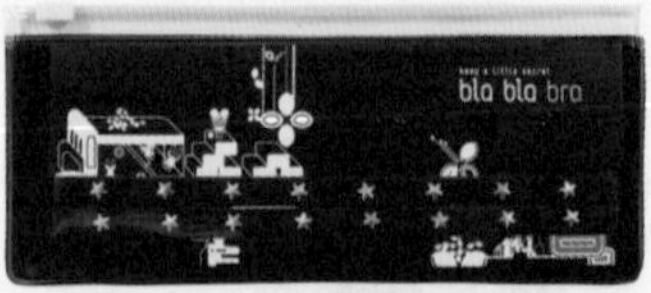
keep a little secret
bla bla bra

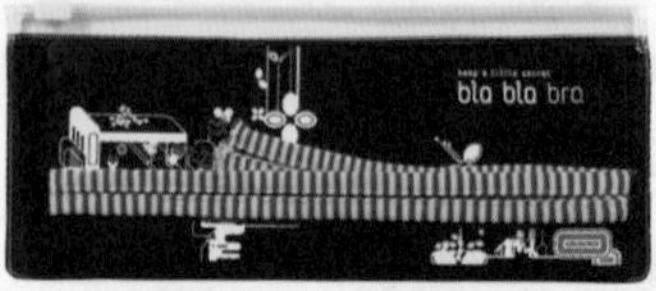
bla bla bra

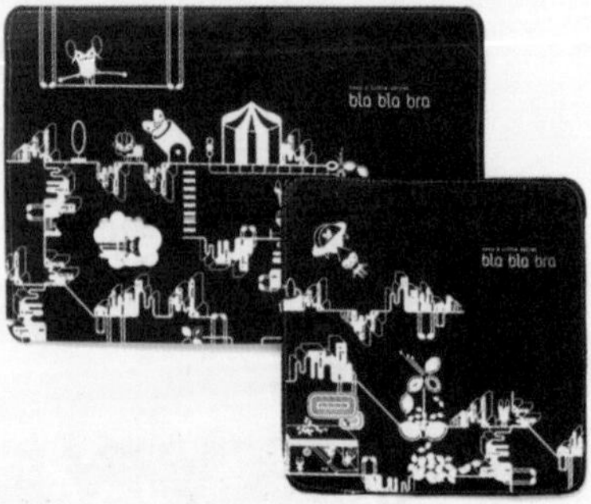
bla bla bra
bla bla bra

keep a little secret
bla bla bra
2 panties
keep a little secret
bla bla bra
2 panties

keep a little secret
bla bla bra

錢便宜、用料和手工質素上乘，可以在市場上撈到生存的本錢。可是一踏入二千年，中國消費市場已經開始步入品牌消費的年代，一些欠缺個性和優越感的商品，首當其衝，其一成不變的市場經營策略，導致產品銷量不斷下跌。

「芳柔」也面臨相似的處境，儘管產品質量無可置疑，市場聲譽不錯，可是，其發展前景，卻遇到了前所未見的瓶頸。當時的股東想到的，就是花一些錢，請一個具有名氣和實力的設計公司，為他們重新設計一個商標，認為只要換了一個更美麗時尚的商標，產品銷售就可以脫胎換骨。作為替美國一線品牌製作女性內衣的廠家，他們對自己的產品充滿信心，甚至從來沒有想過，需要改變「芳柔」這個品牌的名字。

如果他們找的是其他設計師，他們可能換了個更美麗的商標，故事就完了。可是，他們找到李永銓的品牌設計團隊。經過深入的市場調查，李永銓坦然向客戶提出了一個全盤改革的建議。首先，「芳柔」的名字老氣橫秋，需要更改，然後，整個銷售的對象定位，也必需窄化，從賣產品給所有女人客群，縮窄為針對年輕女性客群。客戶的反應當然是震驚，情形就好像你走入一間茶餐廳，本來只是想跟我買一個麵包，結果我讓你擺下三十圍的盛宴。當客戶最初聽到，要把女人市場收窄時，他們一時亦搞不清楚，甚至不能理解，何以收窄的市場反而會更容易成功。

對品牌市場缺乏認知，往往限制了 OEM 工廠兼營零售時的發展，甚至危及他們的生存空間。設計師必須提供調查數據，仔細向客戶分析目前的市場形勢，繼而清楚指出，今天的市場，已經細分成不同的專門市場，而特定的消費群，需要有針對性的特定產品，才能獲得心理上的認同感，然後才會購買這些產品。同樣是女性內衣市場，有成熟型的，有中產型的，也有少女型的，如果想大包圍，全部通吃，結果只會得不償失，兩面不討好。今天我們實在難以再生產一件全人類皆適用、one for all的商品。在發展中的市場，年輕人對商品的定位尤其敏感。在中國女性內衣市場，偏偏最缺乏的就是專門針對少女和年輕女生的商品。在當時，其他在中國闖出名堂的大品牌，亦無專門針對少女的內衣商品；少女內衣屬於中國從未開發的處女市場。

調查少女的生活形態

市場已經改變，年輕的女孩需要一個滿足他們身份認同的內衣品牌。因此，「芳柔」要成功，最佳方法是從品牌名字、定位、產品設計、包裝和店舖裝修入手，全面變身成為專門針對少女客群的品牌。

問題是，如果摸不到年輕人需要的感覺，年輕人的市場是很難打入的。

首先要根據年輕人的喜好，重新訂立品牌名字。一談到女性內衣名字，很多人馬上想到一些浪漫或者柔軟的名字，或者一些法國、意大利的名字。

上 - 大部份女士都不喜歡很通俗的內衣包裝袋，買完內衣直接塞進手袋。Tommy Li 特別將內衣公仔放在購物袋、禮品盒及紙袋上，用上有型有格的設計，消除少女購買內衣的尷尬。

可是這樣性質的名字，市場上成千上萬，起一個這樣的名字，又有何個性可言？

為了明白消費對象，即中國九十後少女社群的 love and hate（愛惡），團隊需要掌握她們每天在做甚麼，每天說甚麼，每天的話題，她們喜歡甚麼，她們討厭甚麼。如果連這些調查都做得不夠詳細和徹底，那麼，品牌定位就會注定失敗。

經過長時間調查，大家發現這個群組，每天例必要做的幾件事，包括用電話發短訊、利用網上平台聊天，短訊、QQ、微博、WhatsApp，成了她們生活上最不可分割的部份。因為蘋果 iPhone 的出現，全世界的生活方式改變。大家都活在電訊的世界或者虛擬的網上社交世界。中國的少女生活，跟網絡電訊更是密不可分。她們在這個世界經歷自己人生許多第一次，例如在網絡上廣傳陳冠希的裸照事件，很可能就成為當代女生第一次看淫照的回憶。她們幾乎不用地線電話通話，每日利用這些手機工具聊天，都聊甚麼呢？都是一些 gossip（八卦）、一些是是非非、一些無關宏旨的話題。沒有人會利用這些工具談及一些嚴肅的話題。

換言之，她們的生活就是：bla bla bla……

絮絮叨叨，卻又言不及義。

很自然，一個賣少女內衣（bra）的品牌，就因此命名為「bla bla bra」。

品牌其中一樣重要功能，就是予人認同感。如果對方不認同，即使走過了你的店門，也會避而不入，甚至故意遠離。相反，如果對品牌產生認同，認為大家是「同道中人」，就會進入店內購物和消費。每個成功品牌，必然有其品牌性格和文化，例如走簡樸路線的日本商店「無印良品」，絕不會吸引酷愛金碧輝煌風格的 Versace 擁躉。認同一個品牌，等於肯定自己的品味和身份。即使自己未達到品牌所展現的水平，但心嚮往之，自然也會加入那個品牌的行列。

「bla bla bra」的品牌名字，本身散發一種女生之間的黑色幽默，大家很容易產生共鳴，腦裏面出現「好像在說我呢」這樣的想法。

有關品牌的視覺元素，則設定在一個恍如虛擬世界的「bra city」之內，每個不同造型的 bra，代表社會上不同的人物，有 bra 寵物、bra AV 女優、bra 學生、bra 囚犯（影射當年判監的台灣總統陳水扁），有人在紅燈區內跳光管舞，有人剛剛死了變成 bra 鬼魂，有人正被外星人擄走……每個 bra 的造型都十分可愛，可是他們折射出的卻是殘酷的現實社會。

這是一個充滿不同場景、光怪陸離的城市。

這種黑色幽默，早十年絕對不可能出現，可是，現在中國的年輕人，比過去的一代更為早熟，他們能夠接受並且認同這種上一代人絕不會欣賞的「趣味」。

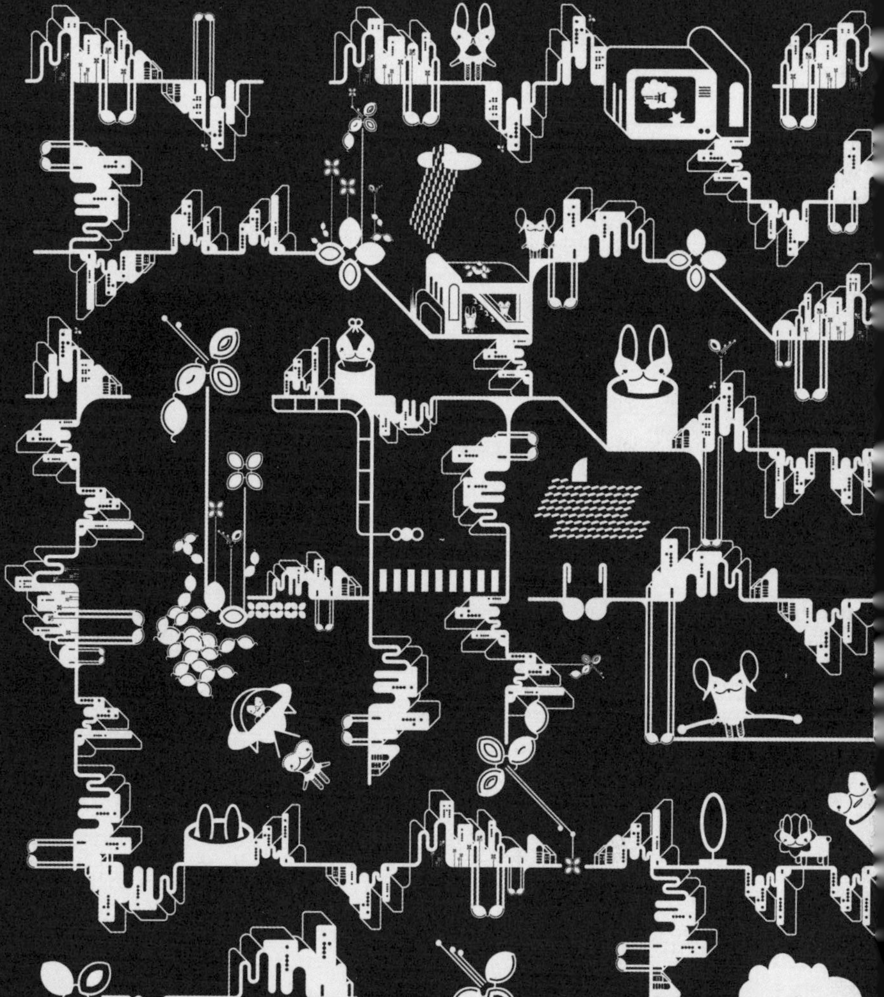

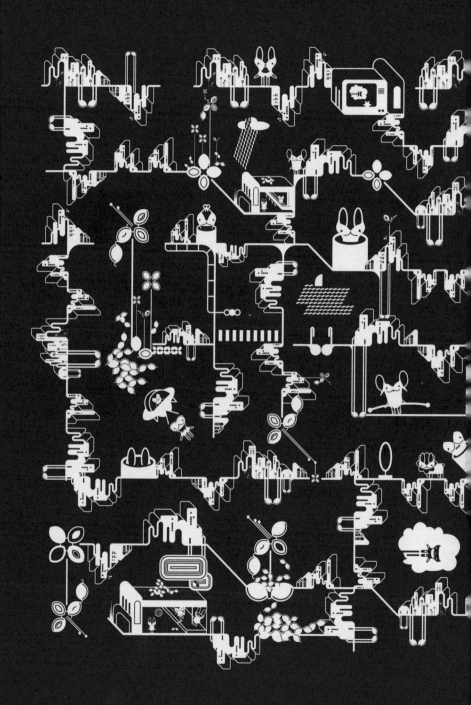

bla bla bra
bla bla bra

當「bra city」的社會眾生相出現在客戶面前，大家可以想像，客戶臉上出現那種扭曲和失措的表情。當市面上仍然充斥着外國金髮模特兒身穿內衣躺在柔軟大牀的宣傳照之際，這個離經叛道的設計，自然要面對客戶巨大的心理阻力……

幸運的是，客戶耐心聆聽了所有數據和市場分析之後，他們的理性戰勝了感性，最後決定相信設計團隊的專業操作。

離經叛道　冰山定律

可能有人會覺得，天馬行空的設計，沒有經過深思熟慮，只是設計師心血來潮、順手拈來、用來讓自己過一把癮的作品。其實，一個成功的品牌設計，背後都經過嚴謹的市場調查和商業計算。李永銓有一套他獨門的創作理論，叫作「冰山定律」。所謂「冰山定律」，就是指，一般人的設計或者想法，只是一座冰山浮在海面上的部份，那是肉眼可看見的，最容易被看到的，也是所有人都能夠看到的部份；然而大部份冰山實體是落在海面以下的，暴露在空氣中的冰山，其實只是冰山一角。舉例說，有人提起一個蓄鬚的男歌手，香港人必然會想起林子祥，可是他是唯一蓄鬍子的男歌手嗎？這種第一時間的聯想，往往是經不起事實考驗的，那往往只是全部事實的極小部份。如果這些浮在海面上的

右 - 內衣公仔融入 Bra City 內，活生生一個現代都市的生活寫照。這個形象設計延續至品牌的每樣產品，小至一張膠紙，大至店內的設計，希望成為追求驚喜的少女的收藏品。

冰山，就是你的意念，那麼這些意念，所有未受過專業設計訓練的人也唾手可得，這種「創作」結果只會人云亦云，在狹窄的小路上行車，結果與別人撞車的機會極大。相反，如果你的意念來自海面的巨大冰山，你絕對取之無窮，而且能在無限大的空間風馳電掣，與人撞車的機會絕無僅有。

即使是像李永銓這樣的資深設計創作人，他幾乎每次都強制自己，把最初浮現在腦海的意念全部丟進垃圾筒，原因是，這種「想當然」的創作，是條件反射，只是一種沒有深挖的潛意識，做茶葉就以茶葉做商標，做內衣品牌就以性感女人做視覺宣傳，這樣做的結果只會喪失客戶對設計師應有的信心，因為這樣做沒有辦法令產品銷售得更好。奧美廣告公司創辦人奧格威（David Ogilvy）說：「一個沒有創意的廣告，就好像一艘在晚上航行的船隻，無人知曉。」

正因如此，整個品牌設計企劃，都要做到別人前所未做的。除了店面裝修，產品的紙袋、膠紙和包裝袋的設計更是一絲不苟，務求讓女生買完內衣，能夠大大方方拿着包裝袋走出去。為了讓消費者有種購買了收藏品的感覺，圍繞商品而設計的各種包裝和禮品盒，大大小小總計超過四十款。

除此之外，每年「bla bla bra」都會在國外邀請一位設計師，跨界合作，設計限量版女性內衣。第一屆是日本人氣插圖師和平面設計師太公良，他設計的禮盒裝產品就像年輕人的玩具收藏版。同時，該品牌還舉辦了一次全港內衣設計比賽，入圍一百名的作品公開進行展覽，冠軍參賽者除可以得到獎金，其作品更會投入生產銷售。出人意料，大部份參賽者都是男性。

經過一連串點火宣傳行動，「bla bla bra」極速在設計界別取得迴響。經過這次比賽，無論是設計達人或者正在修讀設計的學生，都認定了這個品牌是一個 designer label（設計師品牌）。

在個性、認同感、附加值、市場定位，以至年輕人崇尚設計師品牌等各方面條件配合下，一個本來擁有老套名字的本地品牌，成功打進一個新興的少女內衣市場。這個品牌立足中國大陸之餘，亦已成功打進亞洲其他國家。品牌變身後的一年之內，客戶告訴李永銓，他們商品的銷量上升了三倍。

當其他許多品牌正掙扎要把營業額提升兩、三成而無能為力之際，一個本來停滯不前、走向沒落的傳統品牌，經過重新定位，終於邁出了成功的第一步。這不能不說是個轉營成功的奇蹟。最重要的是，過程之中，客戶克服心理障礙，全盤接受了設計團隊大膽的取向，讓企劃每一環節都緊扣整個品牌改造的方向。當然，在其他個案，部份客戶有可能堅持在某些重要環節不讓步，那樣，品牌改造的效果就難免因為品牌系統不統一而大打折扣。

「bla bla bra」能否成功，目前言之尚早，因為一個品牌要徹底改造成功，並不可能一蹴而就，除了需要對症下藥，更重要的是要長期堅持跟隨市場轉變而優化產品。這是一條漫長的道路，但也是一個成功品牌必經之路。

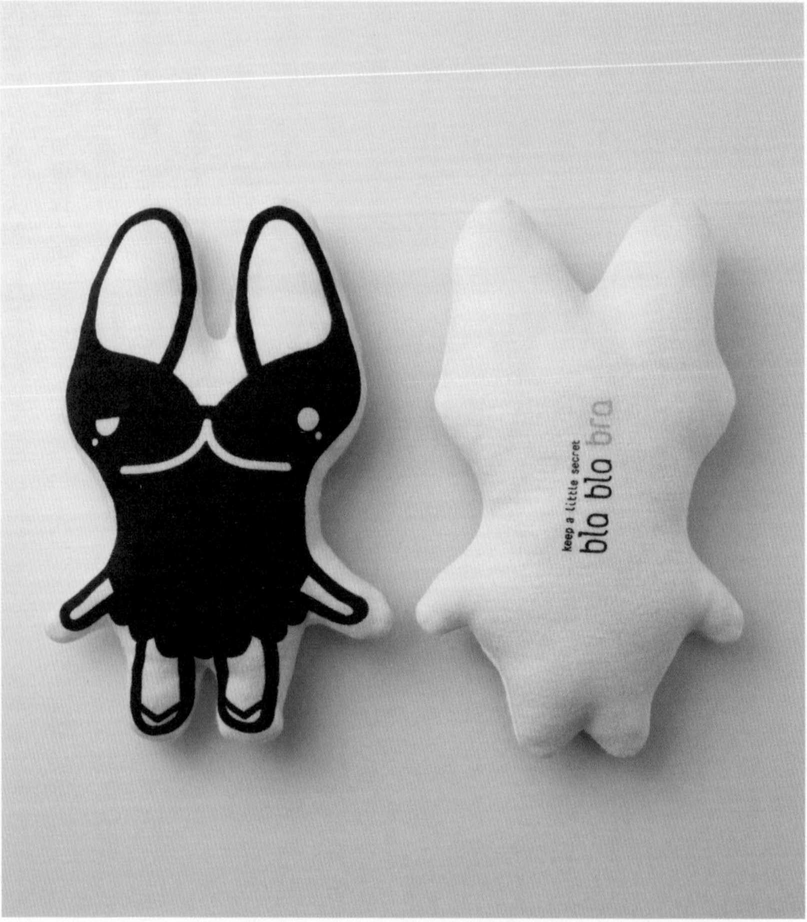
keep a little secret
bla bla bra

近年電影常見一個橋段，就是男設計師，走入女人的內衣世界，結果鬧出笑話連篇。想不到電影的情節，原來真有其事。

李永銓還記得他為了深入了解女性內衣，的確曾遇上好些尷尬時刻。「過去在我接觸的所有零售產品之中，我都有一個好大特徵，就是如果我不清楚、不明白這件產品，我就會覺得舉步難行。」他說：「我做甜品，我足足吃了甜品幾個月，我做手錶，我最後連自己都變成了一個 collector（收藏家）。」

他認為，如果你不愛手上的工作，根本不可能做得好，正如婚姻，你不能說一段充滿痛苦、眼淚、不忠和虐打的婚姻，可以讓你的生活過得美滿幸福。

「我習慣全身投入，某程度上來說，我不是在做設計，我是當自己正在經營一家企業那樣去做。如果我是老闆，我遇到目前的難題，我應該如何應對呢？我一定要站在這樣的立場去做我的工作。」

過去，李永銓接觸過化妝品牌，那些產品，他照用如儀。不過，對於女性內衣，作為一個男人，又如何能穿在身上呢？即使勉強穿上了，也不大可能體會到女性用家真正的感覺。儘管不能穿上身，可是，嘗試代入消費者的角色，走進內衣專門店買內衣，也算是一種親身體驗吧。期間，他能體會和深入思考：作為一個女性消費者，她們究竟會用甚麼心態去購買一個胸圍？她們

上 - 太公良設計的限量版內衣套裝，
包裝得像一套玩具。

為甚麼會特別鍾情於這個而不是那個胸圍呢？這都是他走進女性內衣專店時會觀察和思考的事情。

「這對我的設計，的確有很大幫助。」他說：「雖然我不能把一個帶有厘士花邊的胸圍放在我身體上面，但是我可以成為一個胸圍消費者。」

這個階段，李永銓立定決心把作為男性的思維方式放下，過程當然充滿令人莞爾的故事。有一次，他和公司兩名女同事到旺角的Wacoal胸圍專門店選購女性內衣，三個人不斷挑選、議論，恍如三個女性消費者一般。到李永銓往櫃面付款之際，他才察覺到身邊有一位太太拖着她的女兒，正用極不友善的眼光打量着他。那太太對女兒說：「你將來千萬要小心這種男人啊！」李永銓這時才明白，那位太太誤會自己正同時包養着兩個情婦。

另有一次，李永銓到日本公幹，順道抽空一個人走到日本的女性內衣專門店考察。那間內衣專門店是他透過網上搜尋出來的。他嘗試想像自己是一個女人，要買一件內衣給自己，當他走去付款時，老闆娘忽然問他：「先生，我們還有一些女性穿過的內衣，你需要嗎？」李永銓吃了一驚，四顧之下，發現店內所有顧客竟然都是男性。原來這是一間專為有特殊癖好男性而設的專門店。

儘管深入調查女性內衣，引發了一些難忘的尷尬，但作為設計人，這卻都是難以迴避的，因為這些都是他工作的一部份。

上 -「bla bla bra」舉辦內衣設計比賽，也是品牌宣傳的一種方法，意外的是參加者以男性居多。傳單上的圖案都是獨立的貼紙，三萬張傳單兩周內派完，宣傳效果一流。

——「滿記」和「bla bla bra」，你都用了漫畫作為視覺元素，你偏好使用漫畫插圖嗎？

李　我們並不是特別喜歡使用漫畫，因為每次客戶不同，我們每次都要看情況出招，譬如做化妝品，做超市品牌，我們沒有使用漫畫。倘若名字和商標不能勝任搶眼的效果，而我們要靠其他系統強化品牌的視覺元素，我們才有可能使用能儘快抓住視覺的漫畫。主要原則其實是，我們要的是強烈的視覺效果，用來引起關注，讓人了解，繼而產生感情。每次都要使用別人不可預期的元素，就好像推理小說，或者一部電影，劇情一早給你猜中就沒有意思了。

——日本女性內衣市場發展成熟，台灣也發展得不錯，可是香港的發展好像及不上日本甚至台灣。為甚麼如此？

李　香港女性願意高價購買名牌手袋和皮鞋，可是在內衣消費方面，卻遠不如日本甚至台灣。在日本，女性對內衣非常講究，如果給伴侶發現自己穿了一些上下不搭配的內衣，都會覺得是一種羞恥。可是，在香港，即使作為潮流大都會，女性對內衣的注重程度，甚至比不上中國一些大城市。這可能因為香港女性教育程度高，在職場上亦頗有壓倒男性的趨勢，財政獨立，她們認為一個女性若太注重內衣，無形中有取悅男性、向男性示弱的味道。這可能間接反映香港女性地位比日本和台灣更高。

——因工作而購買的各色各樣的女性內衣，最後何去何從？

李 最後都成了公司女職員的贈品，都成了員工福利，這些內衣終於找到了很好的歸宿。

bla bla bra

前身為南京內衣代工生產商自家品牌「芳柔」，以概念設計重新包裝，以少女內衣為品牌主要路線重新打入市場。

二零零七年獲大中華傑出設計之亞洲最具影響力設計大獎。

香港、南京、北京均設有分店。

進退有度　中庸之道

英記茶莊（2011）——新東方主義／泡茶跳探戈

CASE 4 - YING KEE TEA HOUSE

「英記茶莊」的新形象抽取中國山水畫的四個主題做元素，用象徵性的圖案代表茶文化的意境，而非硬將中國山水直接與茶葉掛勾。

當所有人都認為，傳統中國茶，只能採用傳統大龍大鳳的包裝，
「英記茶莊」如何突圍而出？所有人都說以客為尊，顧客永遠是對的，
可是，作為「品牌醫生」，必須堅持給予客戶專業意見，
那未必是顧客心裏所想要的，卻是他們實際所需要的。

英記茶莊

設計其實是一種中庸之道。賽車其實也是一種中庸之道。

李永銓沉迷賽車，而且特別崇拜洗拿（Ayton Senna da Silva）[1]。

要知道，一級方程式賽車是目前規格最高的賽車，車場上個個都是一流精英。可是，在最早的時候，車手每有怠懈表現，這是由於在當時，賽車不過是歐洲的小眾運動，論投入資金和影響力，跟現在相差千里。賽車手視之為興趣，沒有巨大的職業贊助，很多車手連酒店也住不起，要租廉價旅館，買不起機票，唯有厚着臉皮，請求富有的參賽者，讓他們的私人飛機順道搭載自己。當時整個車壇，處於一種半職業狀態。可是，八十年代，有一個車手，一落賽道，必全力以赴，把比賽視為一種生命的奮鬥目標。這個人就是洗拿。

一般人以為踩盡油門，盡逞其快，就是賽車。如果賽車只限直路，則賽車只是一個誰人都可以參加的鬥快遊戲。然而，一條賽道等閒由十五個到二十個彎組成，每個彎位都必須減慢車速，這時候，車手鬥的不是快，而是慢。誰減速時減得最遲最準，在慢之中取得最快的效果，就是冠軍。這一刻，你要把自己推到臨界點，誰能在彎位之中最遲減速，哪怕是零點一秒或者零點零一秒，就能在電光火石之間決出勝負。

人生跟賽車一樣，Life in a fast lane，我們生活在快車道上。我們要學習

1 —— 洗拿（1960-1994），巴西一級方程式賽車手，1988 年、1990 年、1991 年三度奪得 F1 世界冠軍。1994 年在意大利聖馬力諾站失事身亡，享年 34 歲。洗拿是賽車史上最受歡迎的車手。

中庸之道，抓緊最正確的線路，快中求慢，慢中求快。有些人的人生，弦線拉得太緊，隨時會斷；有些人人生太閒，三天才做一天事，弦線太鬆，彈奏時弦音未免混濁。

中庸就是不斷修正，追求人生之極致，見到最好才止於至善。一個人要瘋狂愛上自己的工作，尋找極限，可是在追尋極限的過程中，要懂得適可而止。人生有如鏡花水月，不會永無止境，人生總有盡頭，能夠在有限空間和時間，發揮極限，就是人生的意義，至於最後是否成功，則謀事在人，成事在天。黑澤明電影《亂》（1985）述及人性之紛亂，世局之無常，即使排除萬難登上皇位，可是當了皇帝僅一天，即被殺頭橫死。原來上天就是不容你多做一天皇帝。

中國近十年經濟發展，也出現繃緊而快要斷裂之感，相對三、四十年前，中國之弦線則未免太鬆，當時醫生下鄉，知識分子下田，工人出力不出力，每月收入三十六元不變，是一個混沌時期。到改革開放至今，房價高高在上，普羅市民成為房奴，中國經濟發展又顯得太緊，社會百病叢生，中國正面臨前所未見的挑戰。

美國《經濟學人》（*The Economist*）透露，中國送禮市場每年高達八千億人民幣，基本上這是一個匪夷所思的驚人數字。中國的奢侈品送禮市場，層出不窮，過去十年，由香煙、酒，慢慢變革，現在延伸到茶餅（例如極具收藏價值的普洱）、珠寶、鐘錶和名貴跑車。如果中國開放海權，則送遊艇，將會是下一波最奢華的禮品。香港一家航空公司，當年要開發菲律賓航線，據說當時的總統馬可斯，就收到了一艘豪華遊艇。比起保時捷、法拉利這些價值一千多萬元的頂級跑車，一艘「海上行宮」的價值當然遠不止此數。

奢侈品牌，或者高端品牌，必然是中國未來最重要的市場。香港坐擁有利的條件，可以藉着自己高端品牌的營銷和市場經驗，開發這個還有巨大潛力、未被完全開發的市場。香港早年留戀成衣、飲食行業，以此打進大陸市場，結果今天面對當地品牌和外國品牌的競爭，香港品牌在大陸市場已經寸步難移。當外國品牌 ZARA 和 H&M 進駐大陸，已經預示着香港的大眾化品牌走向沒落。即使是大陸本地品牌，成長速度也絕非香港固有品牌可以抗衡，香港人有兩件事絕對比不上國內品牌，第一是國內實施的行軍式發展管理，第二是國內連鎖品牌開分店的超常速度。沒有決心和速度，導致香港企業在競爭中處於劣勢。此外，香港本來優而為之的飲食集團，面對國內十六種稅項、收入超過七成需要交稅的困境，經營愈發困難，在市場上更可謂節節敗退。

香港在國內的飲食、零售行業經營大眾化策略，已走至盡頭。等在香港投資者面前的，是高端品牌。香港作為中國最有信譽的城市，經營高端品牌，而且是高端的送禮品牌，如魚得水，鐘錶、首飾、珠寶、茶葉，俱可成為香港企業的強項。這也是為甚麼香港的周大福，在國內的品牌價值，能與 Tiffany 和 Cartier 相提並論。

光緒年間的老品牌

香港除了金飾珠寶，還有茶，可以成為最高級的禮品，每両茶葉賣一、兩百元，輕鬆平常之至。「英記茶莊」始創於一八八一年清光緒年間，至今超過一百三十年歷史，五十年代從廣州遷來香港，是香港極少數有超過一百年歷史的老字號。

「英記茶莊」要重新打造一個形象，開發年輕人茶市場和高端茶市場。中國茶葉品牌包裝的問題是，如參照日本「精於小而簡」的設計，則難以取悅中國消費群喜歡大氣的設計和包裝，可是一味迎合中國消費群那些沉溺繁複而架牀叠屋的設計，則會變成俗氣。要精細，則流於小氣；要大氣，則流於俗氣。這是茶葉包裝的兩難。

開始品牌設計之前，務必明白市場上三種茶消費者。第一種是自用者，他們的年齡群為四十歲以上的老顧客，買茶常以斤計算。第二種是送禮者，即高端市場。第三種是年輕人市場。年輕人市場之所以深受重視，在於每一行業之客群若缺乏後繼者，不出二十年即成夕陽工業。

所以將消費層年輕化，是所有茶品牌必須做的事情。

針對年輕人市場，可以將茶分拆散賣，目標是讓年輕人逐小品嚐，不必一開始就以過百元價錢買茶。至於送禮市場，中國遊客是其重視的消費群，價錢定位不能太低，商品價值至少在五百元以上。

至於茶的包裝，設計團隊搜羅「中港台」市面所有茶的包裝，發覺市面上大部份的茶葉包裝手法很相近，國畫、書法、中國圖騰，甚至是清朝皇帝的出巡圖。一時間，你分不清哪個是茶葉哪個是月餅，兩者最大的包裝分別，可能就只是形狀不同而已。

因此，要設計茶葉的包裝，必須從茶本身的內涵着手研究，從中找出茶的文化含意，然後用不落俗套的現代包裝手法，重新設計。

李永銓發現中國傳統水墨畫，山、水、雲、林，形似外，更講求神韻，這是中國山水畫的四個重要主題。而中國茶亦有四大元素，即清、和、淡、靜，恰與中國畫的四大主題相對應。中國歷史上，宋徽宗精於喝茶，喝茶前務必沐浴淨身，才以崇敬之心喝茶，有如一場宗教儀式。這就是茶的精神沉澱。

設計師決定利用茶的這四種意境，重新契合，找尋一個新的簡化圖像代表這四種精神，最後形成現代化了的山水畫。有人稱之為「新東方主義」。重點是，設計的內涵是東方的文化精神，表達手法卻充滿現代感。如果設計依然蕭規曹隨，依然搞古老圖騰和毛筆書法，年輕人必然遠離中國茶市場，而投進啤酒、咖啡或者汽水的懷抱。一個現代感強烈的包裝，至少不會一開始就引起年輕人抗拒，讓年輕人馬上斷定那是祖母年代的產品。

所謂「新東方主義」，就是以東方哲學的精神，跳出傳統形式限制，重新演繹和包裝，這樣外表雖然與眾不同，可是神韻上仍然來自東方。其實這也是一種 reorganize（重新整理）的設計思考方法，即是找出事物的本源，形成概念，然後慢慢圍繞這個概念設計。日本設計師佐藤可士和說：「『減』比『加』更貼近事物的本質。」

李永銓認為，日本設計的風格，追求小而美，整個日本的設計，絕對跟

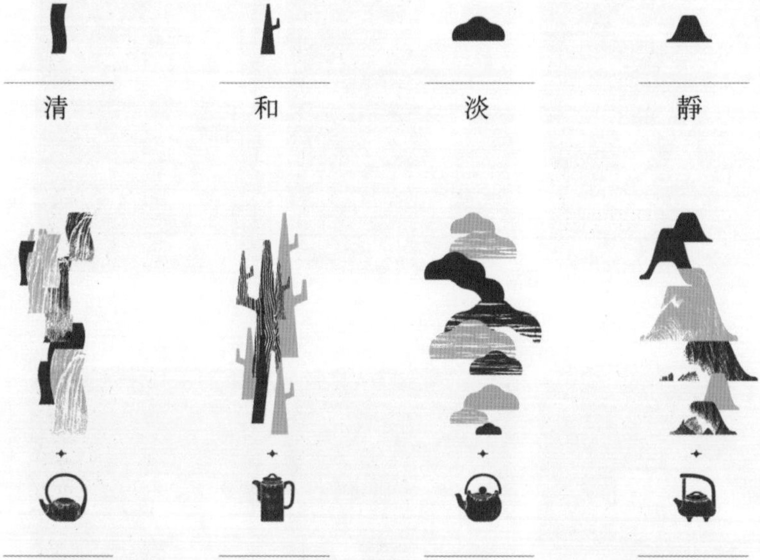
清
和
淡
靜

英記茶莊
英記茶莊

「小」掛鈎，每一個設計，都企圖比別人顯得稍細一點，每一個地方都要比別人稍小一點——不管是整個產品的體積，或是上面的圖案。他們的手提袋要比別人小一點，他們所用的字體，要比別人小一點。每一件東西，從一把日本扇，到一本書，都要比別人更小。他們致力將所有多餘的東西除去，包括多餘的面積，以及所有多餘的線條，於是形成一種簡小而美的風格。他們的畫面簡單，喜歡留白，設計師原研哉的風格正是如此。他的設計，若可減一顆字，他會減掉，若可減一條線，他會刪掉。這就是日本的簡約設計，這種設計當然受到日本傳統「小而美」和「神道教」文化的影響。

跟日本形成強烈對比的是中國大陸，大而彩而俗。

九十年代已闖進日本設計領域的李永銓，談到日本設計，並非一味推崇，他認為，日本設計風格普遍化後，就會因過度簡約而喪失了個性。個性的無差異，等於同化，如此則任何品牌都不可能取得成功。中國品牌，無論是電腦、電話、珠寶甚至飲食行業，最大致命傷就是大家爭相採納別人成功的模式，結果把自己的個性磨平，最後因缺乏個性化而失敗。這可能跟中國人過去喜歡擁抱集體意識、害怕成為羊群中的反動分子有關，可是在品牌世界，需要的卻是另闢蹊徑的人。

發展一般品牌，照顧消費者個性化的需求已經足夠。可是，針對高端市場，產品必須同時照顧個性化、優越感和虛榮感。如能同時照顧這三種感覺，品牌距離成功，雖不中亦不遠。如果一個產品已有優越的品質，也能給人與別不同的個性化感覺，卻不能給人虛榮感，這個產品離高端品牌還有差距。如何將產品提升至高端產品水平？方法就是：為產品增加附加價值。

正如「上海錶」的附加價值來自 Eric Giroud 的陀飛輪設計一樣，「英記茶莊」的高端禮品包裝，放棄了以前錫紙（即鋁紙）設計，而採用世界最知名皇家雪蘭莪（Royal Selangor）[2] 的錫金屬設計；錫延伸性強、防鏽、無毒，一向是製作茶罐的最佳材料。新設計的錫製茶罐，為一個硬金屬包裝，獨特之處卻是，它的外表看起來就像一個鋁紙包裝的茶袋一樣，摸上去才發現是一個不折不扣的金屬罐，消費者因而感受到一種強烈的戲謔式趣味。買一個茶罐禮盒，消費者不僅買到頂級的茶葉，還可以買到 Tommy Li（李永銓）和傳奇錫鑞生產商 Royal Selangor 之 cross over 的設計產品，這樣的產品在市場找不到另一個相類似的，這就是高端產品的附加值。

一連串的調查研究和設計，創造了一種有現代東方感覺的產品，而這種產品銷售的絕不是市場上千篇一律的廉價中國風。

2 —— 皇家雪蘭莪，始創於 1885 年，創辦人楊堃，是越洋從潮州到馬來西亞採錫礦的華僑，該品牌至今歷經四代人，成為世界上最具聲譽、產品最多的錫鑞精品公司。錫鑞主要材料為錫，是繼白金、黃金和銀之後，第四珍貴的金屬。由於錫鑞不含鉛成份或任何毒素，被視為製造各種日常器皿和工藝品的理想原料。中國在二千年前已採用錫鑞，是第一個使用錫鑞的國家。

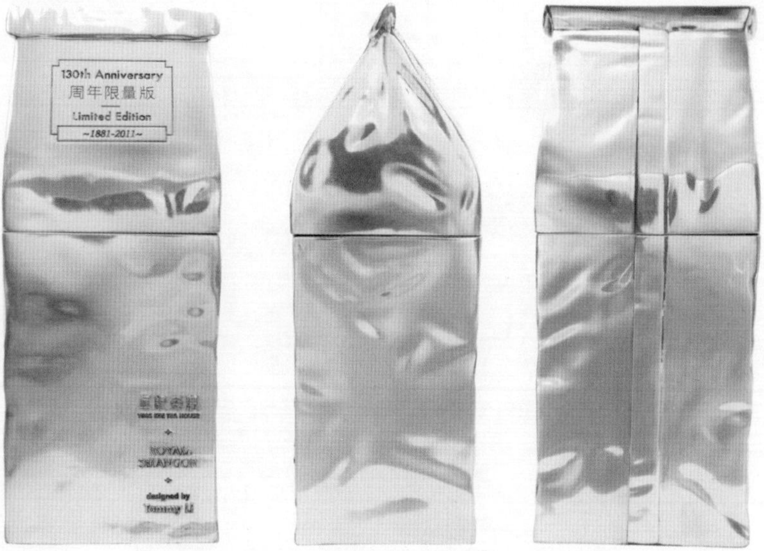

上 - 與皇家雪蘭莪合作的限量版的
錫鑞包裝，模仿錫紙茶葉包裝袋。

130th Anniversary
周年限量版
Limited Edition
~1881-2011~
designed by

這個品牌的企劃過程，並非一帆風順，其中一個困難，來自「英記茶莊」的一百三十年歷史。對老茶客而言，這是一個成功的歷史品牌，而這個品牌在昔日成功的路上，已建立了屬於品牌本身的文化基因，即使是為了開拓高端禮品和嶄新的年輕人市場，要一下子打破固有風格，或讓股東接受新的品牌理念，仍然十分困難。

最初甚至整個「新東方主義」的風格也受到質疑。因為李永銓提交的所有設計方案之中，一個毛筆書法字也沒有，連一個中國古代物件也沒有。李永銓這步是不是兵行險着呢？絕對不是，原因是老顧客對「英記」茶葉早有信心，也有極高的忠誠度，他們在這兒買了十年甚至幾十年茶葉，並不會因產品包裝改變而卻步，何況論視覺享受，新包裝煥然一新，對任何人來說，都是一種提升，只要產品不在這時突然加價就沒有問題。餘下的是新開拓的送禮高端市場和年輕人市場，即使不能盡如人意，至少不會令公司業績倒退。因此，在當時的處境，求變的結果可謂已立於不敗之地。

但在這時候，第二個困難出現，令李永銓不得不考慮退出這個計劃，並決定分文不收。

新品牌形象計設工作進行了半年，品牌設計已經接近完成，可是，客戶卻突然改變想法，推翻早前大家同意的方案，這種情形會不斷出現並逐步惡化。原來該品牌的決策層出現變動，管理人對於這個企劃持有完全不同的意見。如果一開始透過簡報，便能察覺這種情況，李永銓根本就不會接受對方委託。可是，有時候，在簡報會上大家理念接近，直至後來工作展開，才發現難以抽身。改變想法其實並不是最可怕，可是不停地改變，只會令設計團隊吃不消，也削弱了大家的戰鬥力。最後，李永銓只好迫於無奈退出，拒絕繼續接管這個企劃。

這種情形在李永銓整個設計生涯，大約出現過一兩次。其中一次，李永銓請辭，對方說可以照付酬勞，李永銓也拒絕了，他寧願分文不收，但保留之前所有設計的使用權。事後他對員工表示，不要失望沮喪，因為他保證會找到一個相類的客戶，讓員工過去半年的辛勞不致白費。想不到的是，他們找了一個新客後，「英記茶莊」也同時解決了決策人問題，又找李永銓再續「未了情」，之前的設計全部派上用場。

品牌設計，向來不止於設計實力，中間牽涉商業觸覺，以及與客戶溝通的能力。這件事給李永銓的教訓是，原來退一步、放一步手，未必不是好事。經過時間沉澱，再困難的事也有解決辦法，不必死纏爛打、糾結不休。

英記茶莊
英記茶莊
英記茶莊

客戶有客戶的難處，設計師必須接受和明白他們，遇到困難，要多加體諒。客戶同設計師的關係，有如跳探戈，他向前走三步，你只能向後退三步，他向後退四步，你就要趕快以自己的步調迎上前，否則一場舞就跳不成，反而會撞到頭崩額裂。

在跳舞期間，如何用專業態度，取得最佳的位置，則是一種學問。個人情緒 EQ 控制，在過程之中，是最重要的；堅持專業操守，站在客戶立場陳述利害，才能令事情順利進行。很多人都誤會，認為李永銓今時今日的地位，在客戶面前說一句，比其他人說十句還要好，李永銓推銷自己的方案，自然比其他人容易百倍。可是李永銓自己心裏很清楚：「所謂名氣的好處，只是別人對你稱呼時更客氣，給你冠以大師之名，與你握手時更熱情，除此以外，一走到會議桌上正式展開工作，沒有人會給『大師』面子，相反，對方的要求只會更高。」

李永銓最記得，早年他接觸過一個電訊客戶，那時正好同時要照顧幾個大戶，忙得不可開交。李永銓把方案提交上去，對方跟他說：「如果這件作品是普通人交來的，我們已經收貨，OK，沒有問題，可是你是 Tommy Li，我就覺得很勉強。」

客戶的批評如當頭棒喝，儘管心裏不快。這是李永銓出道以來第一次被人正面批評，這個巴掌摑下來的確很痛，可是卻打從心底接受和感激對方的批評。他恍然大悟：「不要說別人應該對你有要求，你對自己本來就應該有要求。如果你對自己沒有要求，你不過是浪得虛名而已。」

另有一次，李永銓到日本完成一張海報設計，那張海報前後分色了好幾次，到了第四次，李永銓覺得海報的分色效果已經非常不錯，再做分色稿，不過是多此一舉。可是日本方面仍然堅持要求印刷廠再做分色，他開始認為，是不是日本人故意為難他。那位日本客戶跟他說：「對不起，李先生，我不是專業，你才是專業，我當然要聽你的意見，可是，當一個不專業的人，要求也比你高的時候，你是不是需要反省一下，你的標準是否比較偏低呢？」這句話改變了李永銓的標準。結果，那張海報一共分色了八次，當他把最後一次的分色拿來與之前的海報作對照時，果然可看出其中效果的優劣。

英記茶莊
YING KEE TEA HOUSE

多年來公司都有一道隱形底線，可是一超越這條已定下來的底線，公司就不會再退，一踏過底線哪怕半分，就寧願分手。雖然投入了精神時間，分手令人傷心，可是，如果勉強走在一起，結果將會更悲慘，何不趁未釀成更大悲劇時分手？

做每件事情，皆需要勇氣，有時是需要勇氣爭取，有時是需要勇氣放棄。人生本來如此，感情生活本來如此，儘管不捨，但要切記，沉迷賭桌，輸了幾萬元，翻本無望，不如及早止蝕離場。如果事情經過理性分析，確是無可挽回，唯一辦法就是，流下最後一滴眼淚之後，站起身來，說一句再見。

「大魚大肉的日子，每個人都擁有原則，可是真正考驗原則的時候，是逆境出現時你還能不能堅守原則。」李永銓說。

雖然外界看李永銓走上二十多年的設計之路，乃平步青雲，順風順水，很早已取得很多設計獎項，年輕時已在業內闖出名堂；可是，作為當事人，作為一間設計公司的創業者，他指出，這個世界根本沒有人能一直順風順水。創業之初，大小問題不斷湧現，每周一小問題，每月一大問題，每個問題都可以導致他的公司關門倒閉。生存除了一點點運氣，還需要有堅韌的精神和無比的耐性。

這天，李永銓閱報，看到一個女護士，因五年前偷東西，一直覺得愧對家人，竟然在沙田城門河跳河自殺。他不勝感慨，因為近年接觸年輕的企業家，曾經對他說：「李先生，你幫幫我，我這次不成功便成仁。」李只能回應說：「對不起，如果你不能接受失敗，一次失敗也不能承受，我不會幫你。」

所謂困難和失敗，誰不曾面對？沒有人會不經過困難和失敗而成功，奧巴馬如是，鄧小平如是，即使當今中國官場富二代，也有他們要面對的困難和危機，那些危機應付不好，甚至會招來抄家殺身之禍。困難不應該用害怕的態度面對，因為你害怕不害怕也好，困難都會出現。李永銓用「存在主義」詮釋人每天所遇到的問題，認為既然有一個稱作「問題」的問題存在，那麼世界上必然也有解決這個「問題」的辦法。

即使一個人一時間找不到問題的答案，也不代表沒有解決辦法。既如此，一切問題，不過是十元解決或者是用一百元解決的問題，是用一天還是十天解決的問題。能用一天解決最好，如不能，則用十天解決。聰明的人可以用更小的代價解決問題，這是因為聰明人曾經失敗過，吸收了經驗。就好像你沒有生過病，又怎可能擁有免疫力呢？

「所以，過去那麼多年，愈大的問題出現，我愈不會擔心，因為我會告訴自己，終於遇到這麼大的問題了，如果這個難關也過得了，我下次就會有更強的免疫力。」

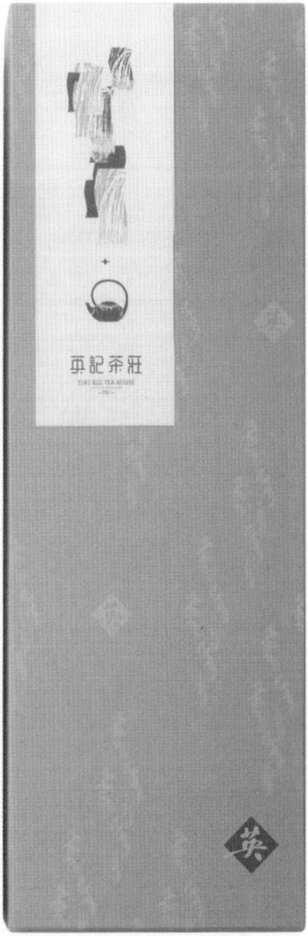
英記茶莊
英
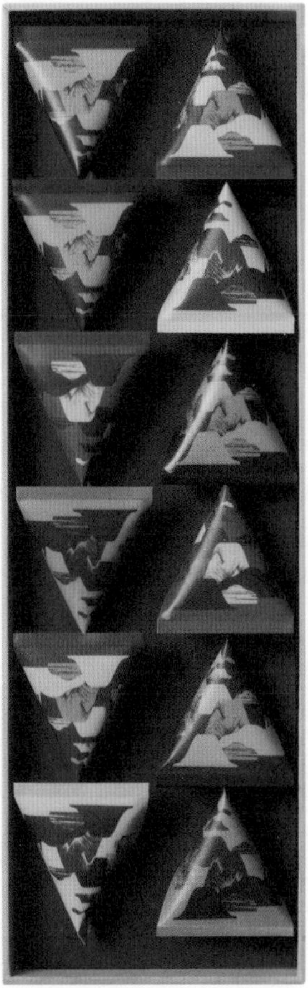

問題本身其實往往不是問題，而是在於當事人如何看待問題。有人損失十億，覺得總有辦法賺回來，有人失去一千元，已經天崩地裂。任何問題一旦出現，第一件事，就是吸一口氣，勇敢面對。第二件事，就是運用自己所有聰明才智，所有辦法，在當日就嘗試動手把問題解決。死亡看起來是一個解決辦法，但這是最懶惰的辦法，你只是將問題留給了別人解決，你只是將問題留給你的家人解決。如果你愛他們，你又怎能忍心將問題拋給他們呢？

問題是無處不在的。不僅在工作會遇到層出不窮的問題，設計圈子也有很多「明槍暗箭」，儘管一個小圈子看來風平浪靜，其實一樣是大社會的縮影，一樣充滿小人當道，一樣充滿笑裏藏刀。無論是在IFC（國際金融中心）買鑽石的高官闊太，還是正在街邊擺賣豆腐的販夫走卒，身邊都充滿江湖，充滿刀光劍影。人類是所謂靈長類動物最聰明的物種，必然亦是思想最複雜的動物。所以，每個人身邊都有一個江湖。如果你遇到好人好事，這是你人生之意外花紅；如果你遇到壞人壞事，正常之至，你應該心安理得接受這樣的人生。

老二的叛逆精神

作為品牌設計師，李永銓的叛逆精神總是揮之不去，人和作品都是如此。他認為自己從小討厭被同化，可能跟他在家庭裏排行第二有關。根據人類學

左 - 長型禮品盒的黑麻手抽袋及茶勺設計有型，脫離傳統茶的形象。

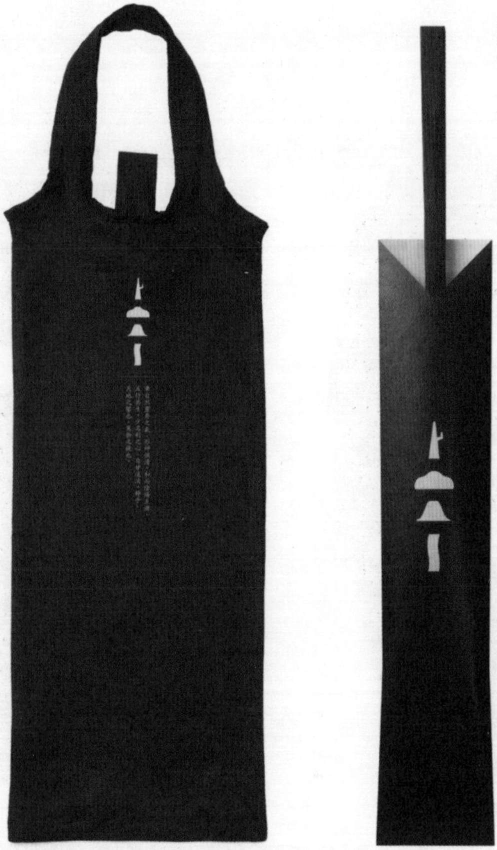

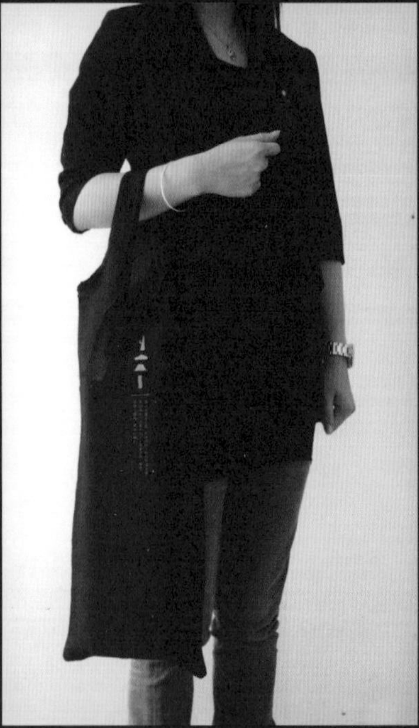

家的研究，凡生於中間的孩子，內心永遠有一股躁動的 identity crisis（身份危機），做老大，天生有責任照顧弟妹，排行最小的天生懂得撒嬌，排在中間的，只能問自己「我是誰」。所以，所謂家中老二，言行走向偏鋒，充滿反叛心態。研究指出，法國大革命期間，很多鬧革命的學生和畫家，排行都在中間。

做設計的人，未必都是家中老二，但是要成功，則必須有前瞻性。三十年前接觸的 *Communication Arts* [3]，當年奉若天書，今日重讀，當中再無一件令人喜出望外之作。李永銓由此醒悟，三十年前最好的作品，三十年後已經失盡芳華，原來絕大部份設計，都會飽受時間的侵噬。問題是，如果今天的設計不具備前瞻性，不做明天甚至明年的作品，而只沿襲今天甚至昨天的風格，那麼，不消多久，不但市場無法接受，就連設計師自己也會厭惡和唾棄這種設計。

設計師最大的樂趣，來自「Wow Factor」（叫人吃驚的因素）。假使王家衛不斷拍《旺角卡門》（1988），馮小剛不斷拍《手機》（2003），《無間道》（2002）已經拍到第十八集，《星球大戰》（*Star Wars*, 1977）有三十二集續集，那麼電影就會由創業工業，淪為黃昏工業，沒有任何新火花新話題。這個行業不會再受人尊重，沒有人再會嚮往這個行業，因為這個行業已經創造不出任何價值。

3 —— *Communication Arts* 於 1959 年創辦，是一份在全球舉足輕重的視覺藝術年鑑，內容包括平面設計、廣告、照片和插圖等多個視覺藝術類別，是當年設計人手執一本的設計天書。

——你將自己的作品集結成書，公開自己的創作經過和概念，怕不怕會被人抄襲，以後所有的茶和月餅品牌，都會採用你的「新東方主義」作為包裝？

李 出書只是指出設計原則，不會怕被抄襲，因為每個設計要根據每個客戶度身訂造，老實說，我的作品，早就在市場上出現，如果別人要抄我的品牌設計，早就抄了。一個視覺元素明顯抄自「滿記」的甜品舖，已經在紐約出現了。我完全不怕被抄，因為我將來做的東西，一定會從新開始，舊的東西我會完全撕爛。出了書的好處是，我會更警惕自己，不要抄襲自己過去的作品。

——面對當年客戶的批評，你從中學到了甚麼？

李 首先要對得起自己的設計。當然，後來有很多客戶，並沒有設計師本身的水平和知識，自負的設計師會認為這些客戶的委託，完全可以「只用半隻手搞掂」，可是，如果「只用半隻手」成為了習慣，一味抄捷徑，一味偷工減料，連對自己也沒有要求的話，這個世界慢慢也不會對你再有任何要求，而你也沒有資格向世界要求得到甚麼。我可以一輩子騙人，可是我不可以一輩子騙自己。如果我自己在這行業，不能創造出新的設計，我會選擇離開。過去二十年我沒有離開這個行業，是因為我不斷接觸新的而且有趣的品牌項目，這就是我的樂趣所在。

——與客戶溝通時最後的底線和原則在哪裏？

李　當然，除非事情真的對你產生極壞影響，否則設計公司絕無理由辭掉已經開展的委託。所謂最後的底線是，因為客戶不尋常的變動，已經影響到我們公司的運作，甚至可能影響到我們公司將來的聲譽。

英記茶莊

一八八一年由陳朝英先生於廣州創辦，一九五零年遷移香港，自設工場，主要產品包括普洱、香茶、綠茶、白茶等，是老字號茶葉零售商。近年為拓展年輕人茶市場及高端茶市場，進行品牌形象改造。

山雞如何變鳳凰

悅木（2010）——地位提升／藉環境轉化

為突顯越南菜「法中混合」的傳統殖民地特色，將法國貴族座椅融於中國明式家具之中、又或是法國熱氣球融於中國傳統風箏，創作出數款百葉窗形的獨特圖案。 為越南菜館帶來新穎獨特，又具深度的全新視覺形象。

香港地舖租金急速攀升，傳統老字號食肆，雖然維持良好的食物水準，可是難敵「地產霸權」，香港的核心地帶，成了財力雄厚的大財團天下。處身這個夾縫之中，「老趙」如何脱胎換骨，成為士別三日、刮目相看的「悦木」？

悦木

THE VIETNAM WOODS

——老趙

李永銓很早就下定決心，及早買房子。二十幾歲的時候，他還在打工，已經買了一間房子自住。到了八十年代末，他發現灣仔道一個樓齡數十年的單位，可以作前鋪後居，面積有一千多呎，而且只需六十萬，在當時而言，這個價位低於市價，適合用作開創事業的第一步。他尤其鍾意大廈那部公共電梯用木製，古色古香。

由於是舊樓，銀行按揭貸款最高為房價一半，即三十萬，另三十萬李永銓要一次過付清。李永銓想把舊居賣了，可是那時市道不大好，舊居賣不掉，儘管他已經是一家大企業的美術總監，月薪萬多元，三十萬對他來說仍是一筆大數目，可是他對灣仔道的單位一見鍾情，很快就應承業主兩個月內可以籌到三十萬。業主是頗有名氣、七十餘歲的粵語長片電影製片關老先生。

他還記得那時的心情興奮無比。不料，很快他就從朋友那裏得知，關老先生仍然與其他買家洽談賣樓事宜。李永銓馬上跑上去找關老先生大興問罪之師，當時的說辭他仍記得清楚：「我說，你一向是我心目中十分景仰的製片家，但你答應過我，只要兩個月內付錢，房子就賣給我，為甚麼你還要找其他買家呢？關先生，你決不可如此，因為我是後輩，你是我的典範，如果你這樣沒有信用，我失去這房子作為我以後開公司的起步點，將來若是失敗了，必會記恨你一輩子，如果你真的言而無信，那麼無論你有多成功，你根本就和一隻木蚤沒有分別！」

關老先生做了幾十年人，何曾被一個二十多歲乳臭未乾的小子這般教訓過，他大吼一聲說：「好，如果你要買，我就賣給你，但你要在一個月內付錢成交。」李永銓也是年少氣盛，想也不想，就馬上回了一句：「好！」

一踏出門口，他心裏想，一個月要籌三十萬，怎麼辦？世上無難事，只怕有心人。借糧、信用卡透支、預接全年外快（八折收費但要現金即付）……結果用盡辦法，那三十萬果然如期籌得，他也成為那房子的新主人。回想起來，李永銓仍然很懷念這所房子，這裏真的成為他幾年後自立門戶的資源。「不少至今仍有聯絡的朋友和工作夥伴，都是在那所房子中認識的。」

那個年代，地產還沒有進入瘋狂狀態，不過，二十年後的今天，核心地段的價值已遠遠超出當年所有人的想像。銅鑼灣時代廣場的 UA 戲院要搬遷，原因是新租客 LV，有能力支付每月二千萬元租金，而原戲院每月營業額不過三百多萬元。中環甲級寫字樓，呎價高峰時接近二百元一呎，如果租三千呎地方，每月租金支出就要六十萬元，試問除了金融投資行業，還有甚麼行業可以賺到這麼多錢？

李永銓今天的辦公室，位於小西灣，距中環核心商業區約十分鐘車程，早在九十年代買入，當時他已經發覺，香港地產租金不斷上升，已經出現結構性失衡。當時灣仔等較接近中環的商業大廈，呎價一萬五千元，中環寫字樓呎價三萬五千元。核心地段無法負擔，他只好搬離核心地帶，在小西灣買下現在的兩層辦公室。現在回看，當初寧願搬離市中心，也要購入辦公地點，可謂十分正確，儘管香港九八年經歷金融風暴，可是，香港地價確如李永銓預期，瘋狂上升。今天的大角咀住宅呎價為四、五萬元，山頂豪宅呎價高達十萬。

香港今天的商舖租金，好比當年日本泡沫高峰期的東京銀座。香港這個地產泡沫早晚會爆破，事件結局已經注定，餘下的只是時間問題而已。

老字號小舖　生存愈來愈難

大戲院都要被迫搬遷，何況小本經營的街坊食店，該如何立足？位於灣仔核心地段的越南菜餐廳「悅木」，是李永銓近兩年的項目。很多人都對高雅的店舖設計讚不絕口，不過，最令消費者驚奇的是，這間充滿現代氣息的越南餐廳，原來就是佐敦渡船角文苑街一帶專做越南難民和泰國人生意、後來也漸為香港食客認識的「老趙」。「老趙」格局，本來就是一間「不修邊幅」的地踎館，何以突然變身，成為一間能夠進駐高尚地帶的「悅木」呢？原來背後有一段老字號小店透過「品牌設計」來對抗「地產霸權」的故事。

說起「地產霸權」和「官商勾結」，近幾年已成為許多香港人的共識。追本溯源，香港近年出現的問題，包括工業真空、創意萎頓、年輕一代發展受阻，肇因都在於房產太貴，而房產太貴的原因，是監管、制衡「官商勾結」的力度不足。回顧香港過去成功之道，在於香港經濟體系，同西方文明制度接軌，香港實行法治，而且資訊極為流通。在這方面，香港可以作為國內城市參照之標準。

近年媒體常説的「香港核心價值」，其實就是法治。從來沒有知識份子會説，香港的核心價值就是「高地價政策」，雖然那能為香港政府帶來龐大收入，但沒有人願意窮其一生之力，為保護這樣的「價值」而奮鬥。

香港值得保護的是文明法治，只有在一個靠法治維持公平的環境下，香港人生活才有最基本的保障，包括不恐懼的自由，即在生活上享有絕對的安全感。儘管樹大有枯枝，香港個別人士雖然會出現貪污、謀殺和吐唾沫等行為問題，可是整體而言，香港仍是一個廉潔守法的社會。受過教育的年輕人，絕不隨地吐痰，絕少危險地亂過馬路，反而香港的老頭子，沒受過本地文明教育洗禮，若無其事地連過八線衝過馬路，比較多見。

香港人接受的公民教育，不僅在於追求知識，更在於追求智慧。所謂智慧，就是明白何謂黑何謂白，面對道德抉擇時，能夠擇善固執，做出文明人應有的選擇和道義承擔，明白人生不應該顛倒是非黑白、埋沒良心，去追求一己私利。

香港近年問題不斷，矛盾激化，其中一個重要原因是，大家察覺到，香港「官商勾結」情況愈趨嚴重。這裏所謂的「商」，就是「地產商」。香港十個最大的企業，不關IT（科技）、不關新媒體、不關製造業……地產商而能成為最賺錢和最有影響力的企業，西方社會很難有這種情況。香港地產商影響力太大，而且早就出現寡頭壟斷情況，香港大地皮全落在少數三、四個財力最雄厚的大地產商手上，中小型的地產商根本難以發展。在歐美國家，十大企業之中，我們可以找到亞馬遜網上書店，可以找到facebook（面書），可以找到維珍航空，可以找到Walmart（沃爾瑪超市），可以找到蘋果電腦。在一個沒有扭曲的公平制度下，創造力可以換來財富，facebook就是最好例子。在這樣一個國度，你只要有頭腦，有一個好主意，就能夠突圍而出，創造成就。在外國，每個人在創意上打轉，希望發揮自己的影響力，有了影響力，財富自然來到他們手上。在外國教育的觀念下，人們相信，創造一件新的東西影響別人，才是人生的價值。相反，在中國人的地方，大家腦裏想的是取得財富，然後藉助自己的財富去發揮影響力，用這種影響力去獲取更多財富。

一九九七年之前，香港政府對地產商有相當程度的控制和監管。可是，九七年之後的特區政府，歷史上第一次對監管地產商完全放鬆。發水樓（實用面積遠低於建築面積）大建特建，完全無人正視規管。

為何香港政府如此厚待地產商？香港政府本身是大右派，他們可能真心相信，有錢的階層賺到更多的錢，最終會在「滴漏效應」下，讓基層市民也得益。而且香港大部份收入確實來自高地價的賣地收益。第一任行政長官董建華，在繼任期間中途離任，大家相信是因為他任內推行「八萬五政策」，大量興建住宅單位，加劇了香港樓市的跌勢，令部份有產階層因此破產。自此之後，董建華成了「前車之鑑」，繼任的香港當權者更不敢碰大地產商的既得利益，也不敢推翻或者修正前朝遺下的高地價政策。數以千億計的賣地庫房收益，導致政府任由高地價政策自動運行下去。

高地價、大幅地皮拍賣給大地產商的後果是，大地產商專注發展收益更大的高價豪宅，於是政府年年批地，中低檔房子的供應卻愈來愈少。香港地價不斷作三級跳，所謂看不到最高，只有更高。加上近年中國大陸大款南下，一擲千金，買下每呎七萬元的豪宅時絕不手軟。香港地價拾級而上。

香港現在每年接待二千七百萬名內地遊客，其中小部份會選購香港的豪宅，而更多人會選擇到香港 LV 等名店掃貨。由於座落香港核心地段的名店，每年營業額拜內地豪客所賜，動輒過億元計算，因此那些地段的租金亦不斷上漲，終於到了月租二千萬教人咋舌的地步。香港本地老字號小店，只能選擇搬離香港的核心地帶，可是，現實情形是，二、三線小舖搬到遠離市中心的地方，經營只會更加困難，需要建立品牌信譽的時間更長，最後支持不住，只能慢慢消失。因為香港租金的瘋狂上升，聘用最多僱員的中小企業，近年已經面臨愈來愈大的危機。

上述情形不僅在香港出現，中國內地的大城市如深圳、廣州、上海和北京，也出現傳統小舖被高昂租金迫遷最終無法經營下去而結業的情況。國內面對的問題有四：一、租金倍升；二、工人薪金大增三至五成；三、原料價尤其豬肉、雞蛋等食材大升三至八成不等；四、稅項增加，目前飲食業收入逾七成交稅，邊際利潤愈來愈低。

對中小舖來說，香港經營難，大陸經營更難。做飲食零售，每人消費十五元、三十元，即使每天從早到晚座無虛設，老闆亦未必賺到多少錢。面對經營成本日益高漲，地產商壟斷導致租金不合理地高企，中小企應該如何逆境求存？

賣的產品不變　如何賣得更貴？

二零一零年，李永銓接手「老趙」的品牌設計個案，正好引證了設計可以改變命運，而且更神奇的是，賣的產品雖然不變，但賣的價錢可以提高。比這更神奇的是，賣得更貴之餘，連老顧客竟然都覺「新的產品」物超所值。這一切是如何做到的？

且由「老趙」的歷史說起。「老趙」五十年前，在佐敦渡船角文苑街一帶

悅木
THE VIETNAM WOODS

起家，當時那裏聚集了很多逃離越南的移民，也有在那裏經營生意的泰國人，由於越南移民眾多，所以「老趙」越南菜就在那裏應運而生。後來「老趙」經營成功，想開分店，但由於格局所限，這種稍好於大排檔式的小廚，往往不能在一線的商場經營，經營地點只能選一些二三線地點，結果有關位置同時約制了「老趙」的發展，於是分店旋生旋滅，都不能持久經營。此外，近年租金、人工、食材價格急升，總體經營成本大增五成以上，「老趙」只好加價，但也不敢大幅加升，價錢微升百分之五已引來顧客微言。

小舖經營環境日益困難，不獨「老趙」要面對這困難，剛才提到，全中國食肆也在承受近年經營成本上漲的考驗。在中國大陸更糟的是，他們還面對國內政府無休止不斷加稅的問題。

這次品牌改造，是由「老趙」從海外回流的第二代負責人主動找到李永銓。他們從事會計和金融等專業界別，可是面對「地產霸權」，他們亦束手無策。李永銓認為，香港營商環境，向地產商傾斜，其實極不道德，甚至稱之為「罪行」亦不為過。作為品牌設計專家，難以扭轉香港的地產霸權政策，但至少可嘗試，藉着設計的力量，把身處危境的「病人」拯救回來。李永銓本身也是「老趙」常客，他認為這老品牌應對有需要好好「保育」。

「老趙」的問題，如前所述，若停留大排檔格局，只可停留在二、三線地方經營，一定不可以進佔一級商場，而入不了一級商場，反敗為勝的機會就十分渺茫。零售舖生存的三個最重要因素，第一是地點，第二是地點，第三也是地點。橫街窄巷，賣大眾化價錢，利潤有限，發展更為有限。

相反，如果能走進一級或接近一級的商場，即使食物一樣，也能賣到更好的價錢，這樣「老趙」就可以生存。「老趙」食品有相當名氣，可是形象偏向中下，定位只是比快餐店稍高一點，但要一下子由大眾路線，貿貿然走到中產專門市場，把食物價錢推高，其實並不容易。整個方案的成敗，關鍵是品牌形象能否徹底改變。

「老趙」餐廳有五十年歷史，食物質素不用懷疑，因此李永銓為「老趙」重新設計名字、商標時，仍然保留「老趙」這個母公司的名字，真正的名字則改為「悦木」。這個方程式有點像「滿記」個案，不過，「滿記」走的是年輕人路線，「悦木」則是走中產路線。

摒除了其他越南菜館常用的「竹笠」和「三輪車」，「悦木」的視覺元素，是以中法交融為意念，用百葉窗形式巧妙地把中國的風箏和法國的熱氣球連成一氣，又把中國的明式家具和法國貴族座椅結合起來。把這視覺效果的DNA，放在所有應用系統上面，包括筷子套、碗碟、餐盤和外賣盒，即使是一個水瓶，也精緻絕倫，展現「悦木」水瓶的獨有風格。注重每一個物品的細節，是歐洲和日本設計師的共通點，也是建立品牌不可缺少的環節，因為對細微之處的關顧，能在消費者心目中產生極大暗示，讓他們很快認同這個品牌代

左－水是顧客與餐廳的第一層關係，侍應添水時往往會打斷客人談話，因此「悦木」餐枱上放有一瓶水，讓顧客可因應自己的需要「自給自足」。

悅木
悅木

表的是一種有質素的產品。

店內裝潢以木為主，充滿當年法國殖民地越南的小資情懷。在那裏，再沒有茶餐廳的 LCD 電視，播放着大家早已不願收看的電視劇集。大家可以安坐其中，享受一隻大頭蝦。店子不算大，但設有獨立 VIP 房，房中間懸空吊着一間木屋，恍如天空之城活現眼前，那其實是一盞燈。創作團隊來自本身為外國電影擔任美術指導的「老趙」第二代女兒。

「老趙」第二代各展所長，為此店投入了不少心血，也讓設計團隊的工作進行得更順利。這是一次愉快的合作經驗。在這小店，顧客體驗到的，不是今天的越南，而是當年帶有婉約味道的懷舊越南。懷舊小磚，懷舊木屏風，昏暗的燈光，有點像王家衛對殖民地情懷致敬的味道。

幾乎是在一夜之間，「老趙」變身，開拓了全新的客群，包括中產客、白領和外國遊客。所有食物的售價，比原來「老趙」的售價高出了三成，然而產品其實沒有重大改變。出來的結果，跟李永銓估算的一樣，大家一點也不覺得這裏的食物定價昂貴。

「悅木」開業一年，現在已有一線商場，向他們招手加開分店。

「悅木」的品牌策略，利用從大眾市場，走向專門市場（niche market）的方法，移形換影，在不改變產品的同時，實現了價值提升，從而在地產霸權橫行情況下，脫離了之前的困境。

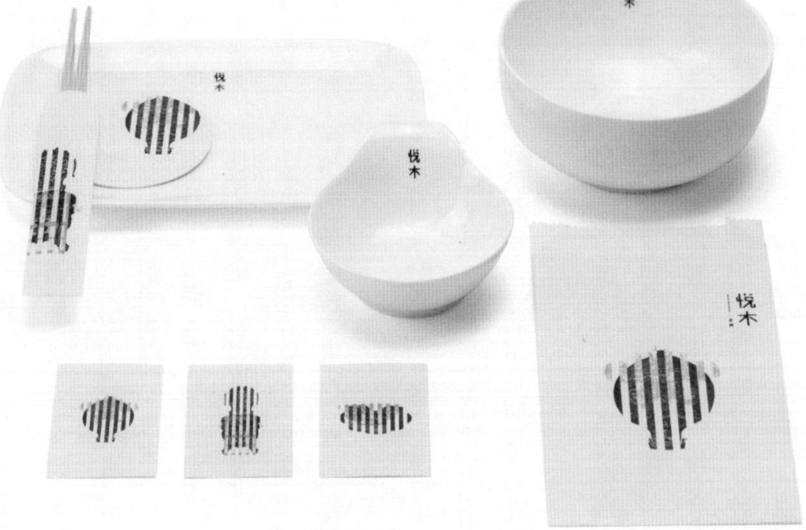
悅木
悅木
悅木
悅木

這個案例絕對引證了，設計可以令品牌進化，可以令產品絕處逢生。由於中小企經營環境愈來愈艱難，香港、澳門、廣州的老字號品牌，愈來愈少，甚至慢慢煙滅。你可能問，為甚麼發達國家如日本，一樣有三百年歷史的老舖？答案是人家懂得保護這些文化遺產，並且加以優化。日本沒有像香港那樣有赤裸裸的地產霸權，香港地產霸權之盛，看政府高官退休後，勇於衝進大地產公司，當其職員或顧問，即可見一斑。此情此景，堅持香港沒有官商勾結的人，又怎能自圓其說？

「老趙」案例的另一啟示是，遇到問題，我們只能面對，只能不停想法子去解決。當有一天，連所有專家都想不出解決方法，我們只能宣佈這地方死亡，這已經不是一個值得投資甚至是居住的地方了。到了這時候，責任誰屬？

地產商是一種財閥，他們的生命價值，只是為了賺取更多財富而存在。沒有人可以指摘地產商，問題是，為甚麼我們的社會制度下竟然對地產商沒有制衡？一個人天生是殺人狂，是 serial killer（連環殺手），那是一種 DNA 遺傳基因作祟，連環殺手本身在某程度而言也是受害人，問題的關鍵是，政府執法機構，怎能中門大開，讓連環殺手不斷任意殺人而不加以阻止呢？地產霸權，非始於今天，從一九九七年到二零一二年，這麼長的時間，香港政府現在才開始採取措施，立例規管地產發展商銷售「發水樓」，未免反應過於遲緩吧。香港法例規定，電器舖售貨員賣一台電風扇，若聲稱有一千二百轉速，而實際只有八百轉速，可因詐騙被判處坐監；一台電風扇尚且如此，何獨地產發展商賣「發水樓」，可以置身法網之外？不良地產商不是騙你一二百轉轉速，而是騙你一二百呎面積，香港很多置業者的財富就是這樣平白流失了。

香港每年約有十萬家新公司註冊成立，絕大部份為中小企業，香港八成打工仔為中小企公司員工，所以一個負責任政府絕對有不可推卸的責任，要照顧和保障中小企的營商環境。香港的地產、金融養活人口和創造的 GDP 並非最多，在這方面，中小企才是養活香港人的命脈。九七年至今，香港有效扶助中小企的政策極少，所謂中小企貸款，申請手續繁複，很多中小企經常處於沒有磚頭（物業）就借不到錢周轉的地步。

無磚頭，即借不到錢，只好自求多福。

上 -「悅木」的外賣盒也經過特別設計。

林書豪的灰姑娘故事

談到「老趙」置諸死地而後生，令人想到熱爆全球的 NBA 華裔球員林書豪[1]。他由一個上場時間極少、隨時給人炒掉、長期不被所有人看好的邊緣後備球員，因為一次偶然的正選上陣機會，成為全美熱捧的英雄式人物。李永銓說，機會永遠留給有準備的人。林書豪第一次正選上陣，取得二十八分佳績，已經令人震驚，其後幾場連續爆發，得分總在二十分以上，對陣班霸湖人的球星高比拜仁時，更力壓高比，獨取三十八分，成為紐約人爆冷擊敗湖人的最大功臣。

李永銓覺得，打球風格悅目而有智慧的林書豪，會比姚明擁有更好的 NBA 生涯。姚明擁有身高優勢，但林書豪卻打得更為好看。

「如果他沒有堅強意志，兩次被其他球隊裁掉之後，壯志消沉，這個傳奇故事就不會發生。」

NBA 歷史上的亞裔球員只有七個，其中一個為日本人，可是過了一季，這名日本球員就選擇回到日本。問題是，這是一個「決心遊戲」，誰能堅持到最後，誰就有機會成功，如果一開始就放棄，則注定失敗。話說回來，如果紐約人那天沒有啟動林書豪，而且在翌日把他裁掉，那麼林書豪的故事就真的不會出現嗎？

1 —— 林書豪（Jeremy Lin），1988 年 8 月 23 日生於美國三藩市，哈佛大學畢業後加入 NBA（美國職業籃球），父母均為台灣移民。他是 NBA 第二位畢業於哈佛的球員和第七位亞裔美籍球員，曾先後短暫簽約金州勇士隊和侯斯頓火箭隊，但只能擔任後備。職業生涯第二年加入紐約人隊，因隊友接連受傷，成為正選控球後衛，職業生涯頭五場正選出場的比賽，竟然取得 136 分，為連敗多場的紐約人取得五連勝，成為 1974 年之後 NBA 頭五場數據最佳的球員。

李永銓非常肯定地表示，林書豪還是會咬一咬牙，找其他球隊，繼續等待他的機會來臨。擊敗湖人之後的一場比賽，紐約人一直落後速龍，到最後三分鐘，林書豪連取多分，為球隊打成平手，最後餘下幾秒，他開始運球進攻，做了一個佯攻籃下的動作，忽然在完場前最後兩秒，在遠離籃框的三分線外出手，結果球在最後一秒空心入網，計時器就在這時響起。球賽結束，紐約人在林書豪領下反敗為勝。全場落後的紐約人，最後一次進攻贏了整場比賽。

李永銓由此聯想到自己的過去二十年設計生涯，二十年來，每一場仗都曾出現危機，如果總是怕輸，設計公司早就不再存在。林書豪取得成功，不是因為IQ（智商），而是因為EQ（情緒商數），除了IQ，他還擁有永不言放棄的EQ。IQ無疑可以令你脫穎而出，可是，只有EQ才能令你繼續成功。只要生命還在，人生就有機會取得勝利。

——你說替「老趙」變身「悅木」，某程度是「保育工作」，請問你還有接受其他「良心工程」的委託嗎？

李 「老趙」仍然是收費項目，但價錢比我們慣常收費低。很多人以為我們只做大型品牌，其實我們也接中型企業的品牌個案，我們甚至還有「義診」。我們「義診」的對象，包括非牟利機構、非政府組織（NGO）或社會企業。譬如最近我們就參與了一個機構的香港復耕計劃。他們在香港耕種和銷售有機農產品，我們則負責整個品牌策略和包裝。我們接「義診」的標準是，對方一定不可以是大財團，一定是非牟利團體，而且一定給予我們充分的自由度。

——「悅木」賣的食物跟「老趙」時期分別不大，可是價錢貴了很多，顧客為甚麼會接受？

李 香港人經過三十年的中產消費教育，已經學會一邊消費，一邊從經營者的角度看問題。香港人都是非常成熟的消費者，當他們光顧「老趙」時，他們用了一把尺，到他們進入裝潢漂亮得多的「悅木」時，他們會採用另一把尺。他們不會一看到價目不同，就破口大罵。他們知道裝修、地點、舒適程度，甚至品牌形象本身，都值得他們付費。消費者也明白，他們付出的價錢，不只用來買食物，買的還包括環境和感覺。衡量過這些項目後，大家都知道，以價錢而言，「悅木」比「老趙」貴，但以價值而論，「悅木」比「老趙」更便宜，最重是的是「悅木」開拓了一群新的中產客源。

——「老趙」是中小企翻身的個別例子嗎？其他老字號小鋪真的可以倣法嗎？

李 蘇格拉底說：「我比別人知道的更多，因為我知道自己無知。」孔子說：「知之為知之，不知為不知，是知也。」所謂聰明，其實就是知道自己愚蠢。如果連自己弱點都不知道，那就很可怕。每家中小企或老字號小鋪的處境不同，最重要是要誠實地照照鏡子，看清楚自己的優點和缺點，產品好的，可以照賣一樣的產品，但在品牌包裝定位甚至店舖位置方面考慮改變，可是連產品本身也不及格，則產品本身的增值和優化工程必須成為當務之急。有的企業應走專門路線，以質取勝，賣得少而賣得貴，可是，也有企業，應該以量取勝，薄利多銷說不定才是生存之道。「悅木」的個案背後的原則，自然可以給其他中小企參考。

悅木（THE VIETAM WOODS）

「老趙越南餐廳」的灣仔分店。利用形象再設計，成功將街坊式餐廳轉型為高級食肆。「老趙越南餐廳」總店位於佐敦渡船角文苑街，專做街坊生意，新店位於灣仔 York Place，客源為區內上班一族。

I

Just because you can't see it, doesn't mean it isn't there.

Artmo（2007）——品味升級／藝術與商業

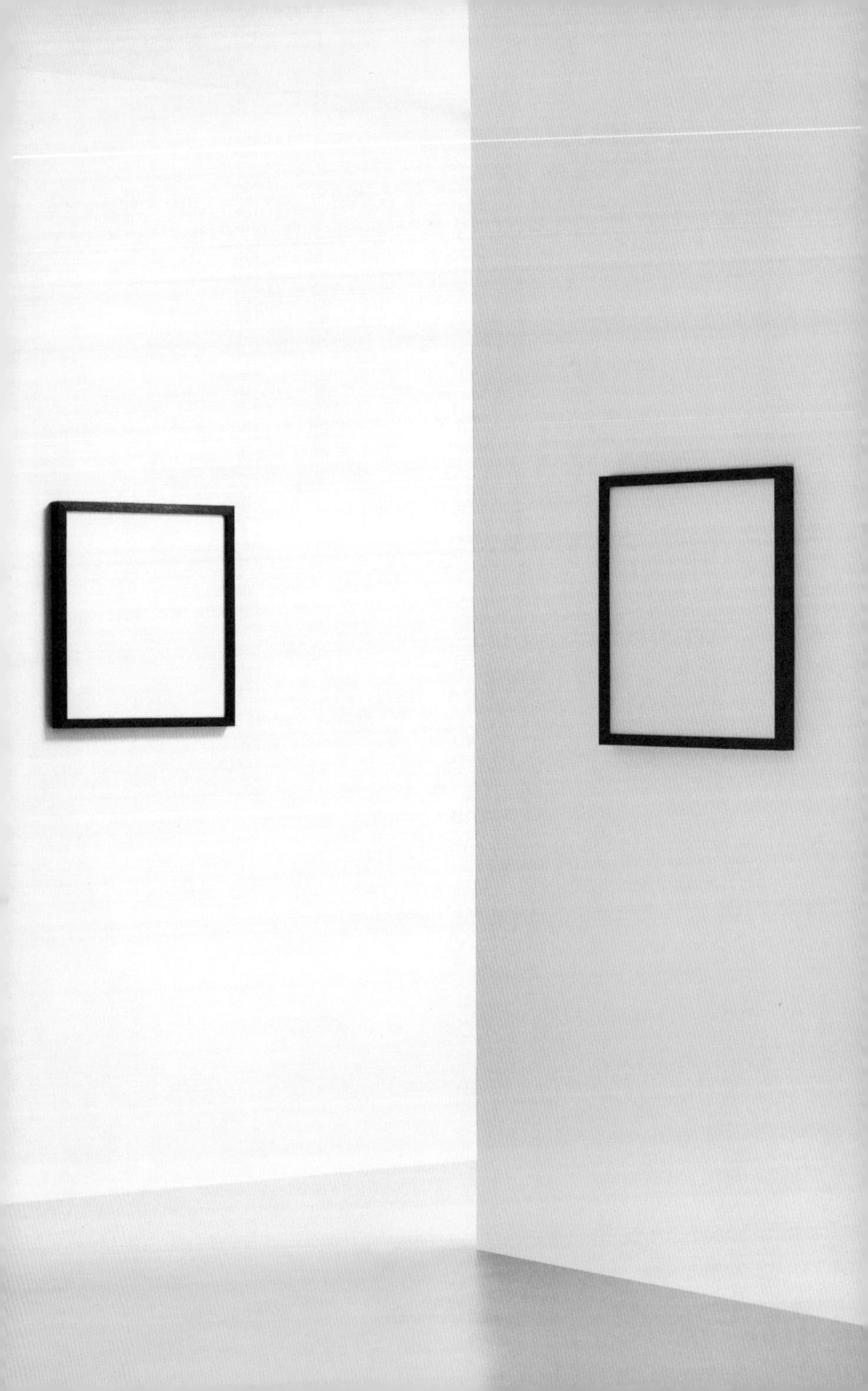

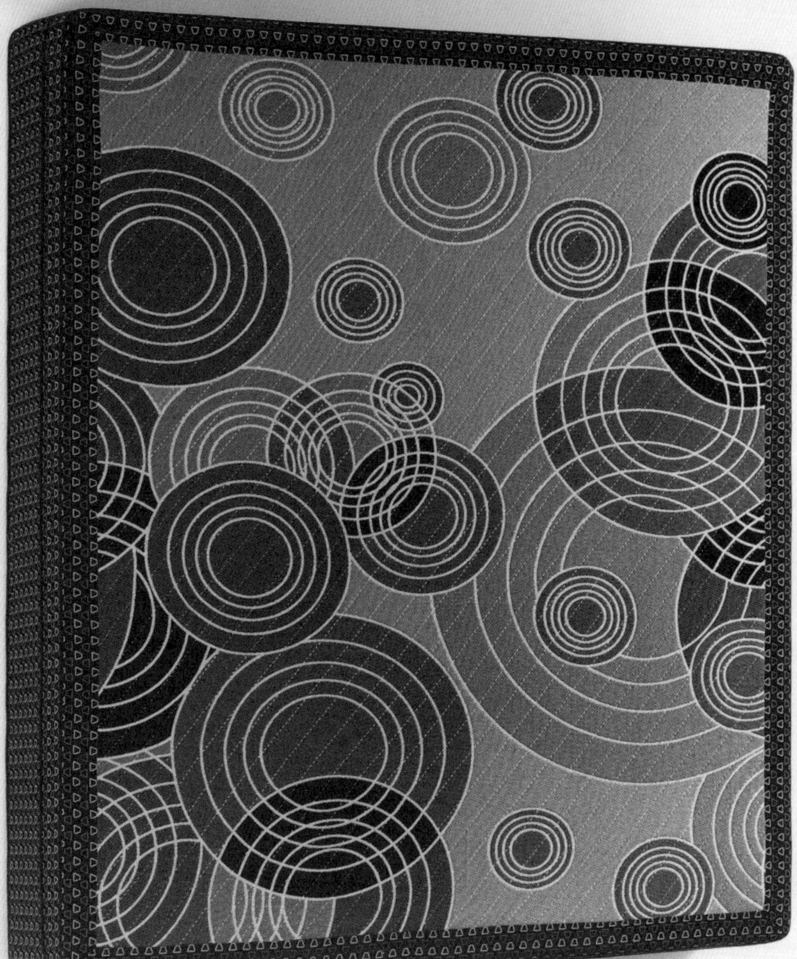

為使一個中國本土品牌更國際化，Tommy Li 採用合作設計的策略，邀請日本平面設計師杉崎真之助共同創作兼具藝術性的床墊，使實用的寢具產品搖身一變成為藝術品。

這是一張國內品牌製造的牀褥，可是，看起來更像是一幅可以掛在牆上的藝術品。大家一見這張牀褥，馬上問：誰會在意牀褥上的圖案？

全中國對品牌的看法，無可否認，已經與二十年前大為不同。中國人的消費力大增，因為過去二十年，中國釋放出大量勞動力。十三億人口的機器一啟動，人均收入和 GDP 大幅提高。其實在世界範圍而言，釋放一千萬新生勞動力已經會產生極大影響，更不用說釋放了數以億計刻苦耐勞的中國人。

當然，中國由一個左派經濟思維系統，突然轉向右派，以有中國特色社會主義之名，走有中國特色的接近壟斷資本主義的道路，結果造成貧富懸殊，完全可說是意料之內。從一九四九年到七十年代，撇除四九年到五零年立國初期的小陽春，整個時期，經濟停頓，中國人經歷反右、大躍進、文化大革命，人民的生產力不能發揮最好的效果。消費市場蕭條，因為那時物資不夠，無論衣履鞋襪食用，均採「以券代物」配給制度，中國長時間陷於艱苦時期。一九七八年，鄧小平上台，實行改革開放，至九二年到深圳南巡，堅定不移支持改革開放政策，中國經濟騰飛之勢，已不可逆轉，從那時開始，中國整個社會出現了翻天覆地的變化。

九十年代開始，深圳特區人均收入每幾年即以倍數上升。全中國大城市，從成都、重慶到天津，都呈現出欣欣向榮的消費景象。對於曾生活在物質貧乏年代的那一代中國人來說，能有貨品供應已經是無上幸福，他們絕不會有甚麼品牌概念。近二十年，人民開始積聚財富，中國的中產階層，逐漸形成。這時候，中國人對品牌消費的需要非常明顯，因為一個品牌，已經是千言萬語，僅僅一個品牌，新交舊織都會知道你已經躋身專業人士行列，知道你曾到過香港，知道你不是月入二千元的普通人。這群中產階級，開始懂得利用品牌，去解決自己的「身份危機」問題。

這種中產興起時的「身份危機」，在日本和香港都出現過，現在輪到中國，大家一脈相承。如果我們跟蹤香港遊客購物中心主要客群的變化，即可知道，七十年代，歐美形成中產，接着是八十年代的日本和九十年代的台灣，到現在則是踏進千禧年後的中國大陸。

台灣遊客九十年代興起，得益於台灣本土的土地放寬政策，農民獲得土地賠償，於是製造了一批暴發戶，可是，自台灣前總統陳水扁上台後，台灣經濟的發展因政治意識形態而被扼殺。台灣旅客曇花一現，取代台灣遊客的，就是今天的大陸旅客。

中國內地開始出現追求品牌風氣，中國消費者開始相信品牌就是品質的保證。他們再不滿足於大眾商品，他們需要個性化品味，他們需要附加值、需要虛榮，需要高品質，需要內在感覺……

品牌設計師，最重要的就是能利用設計，滿足當前消費社群的心理需要。

「Artmo」的出現，標誌着本來實用掛帥的商品，可以跟藝術作品結合，然後在中國這個品牌消費層剛形成不久的市場上取得成功。

該品牌的母公司為「紅蘋果」，是中國一個走中檔大眾路線的傢俬品牌。李永銓記得，大約十年前，「紅蘋果」在國內已經有三百家連鎖店，問題是品牌本身形象並未提升，商標中的「紅蘋果」就像兒童手繪的一樣。為了配合該公司發展，李永銓設計了一個切合該公司大集團背景的品牌形象，成功幫助紅蘋果進駐更高檔次的商場，在短時間內將分店由三百間擴展至八百間。

二零零七年，「紅蘋果」再次聯絡李永銓，希望另闢一個賣牀褥的高級品牌。原因是「紅蘋果」本身賣牀，銷量頗大，既如此，何不因利乘便，兼賣自己生產的牀褥？

當時中國牀褥市場是怎樣的呢？一如女性內衣市場，無數國內品牌不約而同起了一些非常歐化的名字，宣傳策略獨沾一味，一成不變，就是一個美女躺在牀上，營造浪漫法國時尚氣息這些流於俗套的偽歐洲感覺。這些產品，你完全感覺不到它們是外國產品，有的雖然聲稱自己的牀褥是由外國設計大師設計，可是一查之下，卻發現該位大師子虛烏有。這些中國製造的偽歐洲品牌，有賣幾百元的，也有賣萬元以上。曾經以天價作賣點、標榜來自意大利的家具廠商，捲入偽造產地來源醜聞，被中央電視台揭發，原來所謂產自歐洲，是經東莞製造後運到意大利，再運回中國。儘管廠商控訴報道失實，可是消費者已對有關品牌信心盡失。

中國品牌羞於承認本地生產，以為「外國製造」才能自抬身價，其實大可不必。我們看看日本過去的情況就知道，早期豐田（Toyota）汽車技術的躍進，全得益於福特（Ford）車廠的幫忙。如果本身技術確實未達有關水平，請外國專家幫忙開發，根本毋須引以為恥，因為只要虛心學習，總有一天，可以青出於藍。反而明明自己一點外國先進技術也沒有，卻跑到外國註冊，冒認外國品牌，這才是真的可恥。

對於如何打造一個本地生產的高級品牌，你可以提出一百個「怎麼辦、怎麼辦」的問題，可是，最重要的不是懷疑，而是行動。「紅蘋果」坐言起行，二話不說，以至少幾千萬資金購入來自德國、瑞士和意大利的生產線。說到底，產品的品質是一切的基礎，消費者的眼睛始終是雪亮的。作為品牌設計師，才能在這樣的前提下為產品增值。當時各大牀褥品牌，無論是國內以至國外的，最大特色，就是沒有特色，都是淺色雪白的牀褥，瑞典的、美國的、國內的，論外貌，的確難以分辨。「紅蘋果」的新品牌，想過加入所謂健康磁石，增添附加值，可是磁石效用成疑，在消費者目前正仇視造假的氛圍底下，有關建議最後被擱置下來。

李永銓研究過市面所有牀褥後，發現為品牌增值，只能從心理方面着手。他的想法是：如果你買的是一件藝術品，是一件美麗得可以掛在牆上的牀褥（他們後來果然真的把牀褥掛在牆上了）……

如果是藝術品的話，那麼一個人睡在這樣一張牀褥上，感覺就被藝術的環境包圍住了。Art（藝術）和 atmosphere（氣氛）兩個字結合，結果成了品牌的名字「Artmo」。循着這條思路，李永銓邀請到日本平面設計大師杉崎真之助，為牀褥設計圖案，過程中杉崎提交了不少設計，可是這些平面圖案放在立體的牀褥上，效果並不盡如人意，經過無數次實驗和修正，最後才成功將杉崎風格的簡約機械計算圖案，用最精確、優美的方式呈現在牀褥上，令到牀褥有了自己獨特的個性。

「Artmo」的理念很清楚，就是對消費者説，你不僅擁有一張非常舒服的牀褥，你更將擁有一件大師級的藝術作品。當然，這個「牀褥上印有大師的創作」的概念，馬上遭到股東質疑。因為牀褥最後一定會披上牀單，那豈不是把大師的圖案全遮蓋了？難道每次有客人到訪，用家都要掀開牀單，才能向客人展示自己買了一件大師級的藝術作品？

有人以為，牀褥本身舒服就可以了，最後都會藏在牀單下面的牀褥，又何必多此一舉、在外觀上設計得那麼美麗？不過，李永銓強調，其實這次方案所調動的，不是消費者的炫耀心理，而是更深層次的個人滿足感。就好像有些人喜歡戴着名錶招搖過市，有些人戴着名錶，卻不願張揚，只是自己一個人享受那種滿足感。高級的消費心理，個人的滿足感永遠是排在第一位的。美國總統奧巴馬的妻子，有一次看了一個時裝展，花了三十萬元購買內衣，她買的內衣不能拿出來炫耀，可是她心裏享受着穿上名牌內衣的感覺。她不必翻出內衣四處給人看，告訴人家自己買了很昂貴的內衣，她只需讓名牌內衣默默穿在自己身上就可以了。

高級的消費品，從來不是產品，而是一種心靈慰藉和信任。部份高端消費品，如名貴跑車、豪華別墅，是外向型的高級消費，是要讓人看見繼而產生艷羨目光的，可是有些高級的消費品，包括一些天價手錶收藏品，則是一種內斂型的產品，高端牀褥正是屬於後者。它能滿足虛榮心，但不必被其他人發現，一切只需要自己感覺良好。

態度就是一切

在這裏，不妨交代一下「紅蘋果」老闆的故事。這位決心和野心都讓人肅然起敬的老闆，五十年代在中國大陸出生，早期移民來港，做裝修師傅，也為人訂造家俱，八十年代他在柴灣租了一間規模很小的工廠，在那裏製造兒童傢俱。他是那種白手興家、永不言倦的老派企業家，為了一張訂單，他隨

為加強藝術品的形象，「Artmo」產品展示廳設計猶如畫廊，將牀褥掛在牆上，以藝術手法展示，令「Artmo」成為一個高檔及擁有現代感的床墊品牌。

時整整一個月，留在工廠裏沒日沒夜地工作，每天睡覺都睡在廠裏，寸步不離工廠，直至工作完成為止。雖然當時生意不錯，但是香港市場始終有限，不多久，他就毅然決定回流北上，利用自己在國內的人脈關係開廠和直接面對龐大的中國市場。果然，隨着國內經濟騰飛，他的生意亦愈做愈大。

他們這一代創業家的拼搏精神，好像與生俱來。他們之所以能吃這樣的苦，可能與他們在戰後成長有關，如果連最窮困的日子也經歷過，那麼人生其他挫折都會在戰爭這樣的巨大災禍面前顯得微不足道。他們經營生意的目標，往往比別人定得更大。他們身體力行，親力親為，即使後來發迹，這種拼搏的態度依然不變，而這正是他們最後經營成功的重要因素。

「紅蘋果」是最早期回流大陸的廠商，「紅蘋果」傢俱場亦由香港擴展至全中國。目前該生產商的三十多間工廠全都設在深圳龍華，極目望去，工廠屹立山頭，自成一國，就好像盤踞馬料水的中文大學一樣。遙想二十年前，「紅蘋果」老闆手上擁有的只是一間小型的山寨工場。香港人並非沒有機會，成功故事比比皆是，「紅蘋果」旗下開設「Artmo」牀褥廠，目前正由海外學成歸來的第二代統領。因為香港之北有一個龐大的中國內銷市場，「紅蘋果」順利擴展成功。

市場有時決定了一切。

市場比產品更重要

市場的力量如何決定一切？這邊廂，市場興起，中國一間小型工廠，迅速發展成份店數目高達八百間的傢俬王國；那邊廂，日本人口老化，市場萎縮，曾經征服大半個地球的日本動漫市場，正面臨巨大的生存壓力。最大的威脅不是來自競爭，而是來自日本年輕人口急劇減少、沒有足夠人口收看動漫的危機。根據統計，日本動畫製作人員已經持續二十年沒有加薪。除了名氣最大的宮崎駿團隊和其他幾個名家的團隊，許多小型動畫製作公司連生存也有問題。

日本的企業實力遠超中國，可是有如日暮西山；中國的企業實力遠遜日本，可是有如旭日東升。由此可見，決定勝敗不單是企業和產品，還有是市場。

可惜的是，中國的企業站於有利的市場位置，卻因為自製太多黑心、有毒、偽冒產品，而正在自毀長城。

信譽，在黑心食品和偽冒產品氾濫的市場裏，成為其中一種最稀有的奢侈品。由於黑心產品充斥市面，令人覺得中國人的精神文化已到了即將崩潰的階段。曾幾何時，中國是世界上碩果僅存的「精神文明淨土」。即使在西方科技工業文明遠超中國的十八、十九世紀，中國傳統文化的精神文明，都為西方知識分子所崇敬。直到「五四運動」之前，外國著名知識分子如叔本華、蕭伯納，甚至印度的泰戈爾，都特地前來中國，拜會他們心儀已久的中國文化名人，如蔡元培、辜鴻銘和胡適等人，希望借此親炙中國禮義之邦的優秀精神文化。

當時，西方知識分子痛感西方資本主義之禍害，而寄望於彼方遙遠中國的精神最後樂土。一百年過去，西方資本主義慢慢自我完善，彰顯了西方文明固有的精神價值，而中國的精神文明淨土已經岌岌可危。中國文化的喪鐘敲響，我們精神價值的水土流失，比國內任何其他污染問題都要大，中國道德的潰散，比國內任何經濟體系的崩裂更為可怕。

曾幾何時，中國人最看重的東西都跑掉了，無影無蹤。中國的傳統美德消失了，精神文明價值消亡，中國人的黑心價值觀，滲入了家庭、商業、教育和社會每個角落。中國到底還要走多遠？文化是我們的本源，本源弄不好，支流亦必百病叢生。

作為品牌設計的參與者，李永銓希望中國企業終於能夠證明，中國人也有追求至善的心靈，中國人也能正心誠意，做出無愧於人的優秀產品。

左 - 不少牀褥廣告中都有性感美女睡在牀上，為跳出這框框，Tommy Li 以女性胴體做一系列藝術形象，配合牀褥的藝術氣氛，打造出充滿藝術意味的品牌形象。

談到好的商品或者品牌設計，我們必須明白，一件產品之好，背後總是有其好的因素。好的品牌設計，必定要出人意表（參看「bla bla bra」冰山定律），必定要具備前瞻性（參看「英記茶莊」），必定要有延續性的話題（參看「滿記」），而且必定要引起情緒反應，要有 emotional touch。每一部成功的電影，共通點就是能觸動觀眾的內心，引起他們的情緒反應。一首經典歌曲，總能在你腦裏勾起你生命中某幾個特殊的情景，你的情緒會因為歌詞和旋律而起伏，如果內心一點漣漪也沒有，那麼這首歌只是蜻蜓點水，浮光掠影，算不上經典，也算不上好歌。

同樣道理，品牌設計，亦必須引起別人的情緒反應，這種情緒，有時照顧到你的虛榮，有時照顧到你心底的黑色幽默，這種黑色幽默甚至能觸動你內心深處的感覺，讓你產生非要收藏這件產品不可的衝動。

要達到觸動情緒的效果，當然要有冒險的勇氣，如果我們長時間沒有膽量走出這一步，中國就永遠只有八百部跟隨蘋果而製造的假 iPhone，而沒有自己的設計，我們所得的財富，就永遠只能從打家劫舍得來，我們在品牌的舞台上，就只會永遠遭人竊笑，永遠抬不起頭來。長此下去，我們只能形成抄襲沒有創見的民族，我們的民族基因就只餘下懦弱和膽小。

民族基因是怎樣形成的？當我們不停重覆一種動作，就形成所謂慣性，當這種慣性無了期延續下去，就形成了我們的民族性格，當我們的民族性格世代相傳，就形成了我們民族的基因。中國人聰明，只是太聰明，我們總是不想冒險，總是想用最短的時間去賺取最多的財富。我們只會看結果的高度，卻不看過程的深度，我們只看數字，卻不理會意義。我們的民族愈來愈急躁，愈來愈不懂得沉潛。應該要記得，過去唐宋盛世的中國人並不是這樣的。

現代中國人浮躁不安，為甚麼？因為我們只計算短期利益，而缺乏一種為長遠利益而犧牲的精神。任何長期成功之前，一定要經過無數困難和失敗。「紅蘋果」的「Artmo」，縱使暫時不能主導市場，但至少作了第一次嘗試，懷着一個更好的理念，向一個更高的市場目標進發。如果人人都只求安穩安逸，我們將不會有飛機、不會有火箭。當人類第一次踏足月球的時候，人類在那之前失敗過多少次？如果我們害怕實驗失敗，害怕飛行器爆炸，害怕犧牲，不要說踏足月球，連坐 A380 穿州過省的能力也沒有。所以我們今天也不要因為只想吃兩餐安逸的飯，而害怕冒險。

設計師是一個需要 guts（勇氣）的行業。即使充滿創意的設計看來失敗了，其實你播下的正是將來成功的種子。蘋果當年推出的 Macintosh，只能打進單一的設計人市場，人人都質問蘋果為甚麼不轉型做 PC 電腦，人人都覺得在設計人的專門市場花十年工夫，是浪費，是失敗，然而到了蘋果推

出了 iPod，前期種下的品味、態度、設計達人的認同，終於在這時候開花結果。當時 MP3 的性能絕對在 iPod 之上，可是人們對這件蘋果產品仍然趨之若鶩，因為他們相信自己買的是一件設計達人絕對認同的「潮產品」。追本溯源，如果不是蘋果堅持我行我素，一直對設計人的市場不離不棄，標榜一種有品味的叛逆，iPod 能引起人們那種接近瘋狂的情緒反應嗎？然後，蘋果推出了 iPhone 和 iPad，這些產品改變了人類的生活模式，然而，這一切成果，並非出於幸運，而是出於 Macintosh 透射出來的品牌價值。iPhone 為甚麼橫掃所有其他手機品牌？原因很簡單，因為它是在芸芸手機之中最有個性的品牌，而這種個性，很早就出現在那時看來十分失敗的 Macintosh 身上。即使這件 iPhone 產品本身仍有不少需改善的地方，我們仍會為這件產品着迷。另一例子是八、九十年代異軍突起的 B&O，這個影音品牌論實力，完全比不上真正的發燒影音產品，可是這個品牌的形象、設計和定位都獨樹一幟，因而創造出強烈的個性，吸引到另外一些追求家居品味多於傳統影音質素的人，所以儘管產品定價偏高，該品牌仍然擁有一群忠誠的支持者。

李永銓認為，今天的創意設計失敗，不代表永遠失敗。這說不定是在為未來累積成功的資本。而且所謂失敗，根本就是人生必經之事。我們每一個人，每一分每一秒都充滿失敗的可能性。如果每做一件事都害怕失敗，這個地球並不為你而設。「人生人，路生路」，成功之路，一定要經過許多曲徑通幽，才能登上山頂。每個人都想一步登天，又哪有如此容易的事？

而且世界變得太快，今天和明天已是不同世界，今天和明天的價值觀也可能截然相反。

就如過去我們認為店舖盜竊，必然是一種罪行，今天基因研究人員發現，有些人並不想偷竊，只是他們身不由己，這不是出於貪心，而是因為這些人體內的基因序列有異常人，這種偷竊狂，不是罪犯，而是有行為障礙的病人。改造基因，已經成為未來其中一種可能實施的醫療方法……治療糖尿、羊癇症，當然，除了治病，還能透過改變基因，打造記憶力超凡、過目不忘的下一代。

我們的世界和價值觀都不斷快速改變。昨天我們以為難以接受的觀點，今天變成常識；今天我們覺得不可思議的事情，明天變為常理。設計人應該常有迎接未來的準備。

日本有很多大企業，每年投放龐大資源，指定要為未來世界創造「概念產品」，這些產品即使經濟效益為零，在市場上一件也賣不出去，但只要這件不可理喻的產品裏，正好展示了一個很特別的意念，這件產品就充滿價值。因為這個小小的意念，最終可能引發一場具有劃時代意義的改革。在賽車領域，經常有所謂 prototype 概念車，這種車着重的是新概念，有時是為了測試一種新技術。概念車在市場上可能會遭遇比量產車更多的滑鐵盧，概念車第一部可能賣不出去，第二部可能也賣不出去，一直到第N部，才在人們不以為意的時候，突然賣個滿堂紅。這些概念車甚至未必投產，可能只是用來測試消費者的反應，但是他們的價值無與倫比。如果汽車廠不承受之前N部概念車的失敗，汽車技術就會一直停留在現時階段。

除了汽車工業，日本的出版社也願意投放大量資源，出版「未來的概念雜誌」。十年前，李永銓亦曾幫過日本的講談社 1，設計一本「下世紀的雜誌」。這本雜誌不必考慮市場，不必考慮製作費，創作度完全自由。因為當時日本每一本生活雜誌，從外貌以至內容已愈來愈相像，如果你把它們的雜誌名稱蓋住，你根本不知道手上拿的哪一本。日本出版社對李永銓的唯一要求是，做法要跟現存的雜誌完全不一樣，因為這不是今天的雜誌，而是未來的產品。這本概念雜誌限量印刷一萬本，公開販賣後然後調查讀者反應，幫助現在的雜誌釐定未來路向。

這是一個自由度極大，而且資源接近無限，製作預算極奢華的有趣項目。

1 —— 講談社於 1909 年在東京創立，是日本最大的綜合性出版社。每年出版新書數千種、印製逾十億本書。出版範圍相當廣泛，包括兒童、美術、文學、社會、哲學、科學和醫學等。講談社另外出版大量漫畫。

李永銓要求甚麼，講談社的答覆就是：Go Go Go。日本的成功企業，願意撥出雄厚的資源，很認真地研究目前市場以外的做法。這種企劃不是要尋求現在問題的答案，反而是要創作人盡可能跳出現有框框，找到可能會燃點起未來趨勢的新起點。那本雜誌，名為 *Rouge*（《紅》），一期完，有紙盒有膠袋有T恤有塔羅牌有放大鏡，還有被譽為荒誕不羈的鬼才攝影大師荒木經惟[2]。雖然荒木是世界健力士紀錄大全中拍得色情照片最多的人，但在日本，沒有人把他的照片當做色情照片，他本身也是一個非常有趣的人。當他來到出版社，出版社的社長、總編輯全部站在門口守候，排成一列恭迎荒木進場。他拍全世界的妓女，他拍老婆患癌症，一直拍到她死亡的最後一天，他拍自己同太太做愛，拍妻子彌留之際。這一萬冊《紅》是肯定收不回成本的了，可是大企業製作這本書的目的，不是為了經濟效益，而是為了尋找意念。

新概念產品出現時，例如將牀褥和藝術作品結合，大家往往只關心產品的可行性，但是品牌設計師則更關心產品未來的延續性。如果大家只看今天可行的事，每個人都做「斯林百蘭」牀褥就好了，何必創新？品牌設計真的需要勇氣。這種勇氣不過是敢於向客戶推銷新意念的勇氣。相對於每天面對死亡的工作，例如消防員、拆彈專家，設計師難道連迎接未來的勇氣也沒有？永遠扮演一個貪生怕死、知易行難的懦夫嗎？

實踐是檢驗真理的唯一標準；那麼，何妨讓新意念先實踐一下再說。

2 —— 荒木經惟，日本知名攝影師，妻子荒木陽子不幸於1990年去世，死時43歲，荒木曾出版妻子死前彌留之際拍下的寫真集。荒木出版了超過350本出版物，他的作品中有一大部份是和性愛有關的題材。冰島歌手 Björk 是荒木經惟作品的仰慕者，也曾為他做模特兒。

——Artmo 在二零零七年成立，這一年有市場考慮的因素嗎？

李 因為在之後的一年，即二零零八年，中國舉辦奧運，很多年輕人選擇在這富有紀念性的一年結婚。那一年，統計有超過二千五百萬對新人結婚，成為中國史上最多人結婚的年份。當然，這一年也帶動起相關的經濟主題，就包括置業、購買傢俬和牀上用品。

——Artmo 的定價策略如何？

李 由於牀褥會用上十年八年，因此，新人結婚一般不會吝嗇金錢，他們更願意買一張價錢偏貴而有較高信譽和品質的牀褥。Artmo 定價由八百元起，頂級產品賣一萬餘元，而品質與外國幾萬元產品相若，所以在市場上有一定競爭力。

——請談一下 Artmo 的商標。

李 Artmo 前面四個字體，是畫框形狀的字體，代表 Artmo 所生產的是藝術品而不僅僅是牀褥，最後一個字母代表該品牌的使命：給人最舒適的睡眠。

Artmo

「紅蘋果」傢俬為一家走大眾路線的傢俬品牌，「Artmo」為該公司旗下一牀褥品牌。
與母公司路線稍有分別，「Artmo」以藝術家創作的圖案作牀褥表面圖案，
將原本非常生活化的日常用品，變成一件藝術品。

一以貫之　才能脫穎而出

周生生（2006）、首選牌（2008）——系統優化/森林中生存

有時品牌設計不一定要「爆」，
怎樣能令品牌系統變得更完整，反而才是致勝關鍵。

周生生
Chow Sang Sang

李永銓過去所做大多數品牌設計，都有「爆炸性」成份，給人無盡的話題，有時先聲奪人，有時流露黑色幽默；可是，對於部份產品而言，品牌的視覺元素能否成功應用於各種系統，能否長期讓人「一目了然」，能否藉着一個由特定視覺元素為該品牌成功定位，才是品牌設計的成功之道。

但凡外國發展成熟、成功的品牌，其視覺系統的設定必然有嚴格規範，否則，一個品牌就不能給予消費層一種信心保證。如果品牌視覺系統混亂，消費者連辨認該品牌也出現困難，就更不要説讓消費者成為該品牌的忠實「粉絲」了。

八十年代的市場，商戶認為 Logo 作用巨大，可是踏入二千年，消費市場已出現變化，商標作用愈來愈不重要，消費者需要的，是能觸發他們興趣和情緒的整個視覺系統，而不只是一個商標。

商標可以是一個有趣的書名，但消費者感受最深的是書的整體設計，即是該品牌的視覺系統。這個視覺系統，包括品牌顏色、線條或圖騰，這些元素構成視覺 DNA，而視覺 DNA 可應用在該品牌其他種類的產品上，或在室內裝修及其他附屬品如包裝袋身上展示，讓別人一眼可看出這些都是該品牌的家族成員，更重要的是，這種視覺系統必須自成一家，與其他市場同類產品有明顯的區別。

李永銓在二零零六年接手「周生生」品牌設計案時，「中港台澳」幾乎所有珠寶首飾大品牌，都沒有一套可以讓人一望而知的視覺系統設計。大家沿用的是古老的大招牌設計，用招牌的名字去告訴消費客戶「我是誰」。一些大珠寶首飾品牌動用了大量金錢在各媒體賣廣告，把自己的名字賣得街知巷聞，可惜，在中國大陸各媒體收到廣告信息而南下香港購買珠寶的消費者，往往找錯了商舖。原因是珠寶商的名字並不足以構成消費者辨認出該品牌的最佳元素。在香港享有品牌優勢的「周生生」在當時正面臨這種困局，原因是當時市面上充斥着各種「周姓」的珠寶商店，消費者很容易把他們搞混了。

用概念貫穿整個設計

「周生生」的商標設計，來自李永銓的老師、也是香港第一代設計大師靳埭強，李永銓接手時，對於原有商標只作中英文字體修正。他認為，固有商標既已在市場上取得認同，新接手的設計師沒有必要因為要強調自己風格而把原來有效的東西打破。「我們有時不一定要大刀闊斧，我們有時只需要作一些優化就可以了，設計師的個人『尊嚴』，在考慮到客戶利益的大前提下，必須及早放下來。」

左 -「周生生」的名字有「年年有魚，生生不息」之意，整個品牌設計皆以魚群迴旋上游的優美形態去構成獨特圖案。

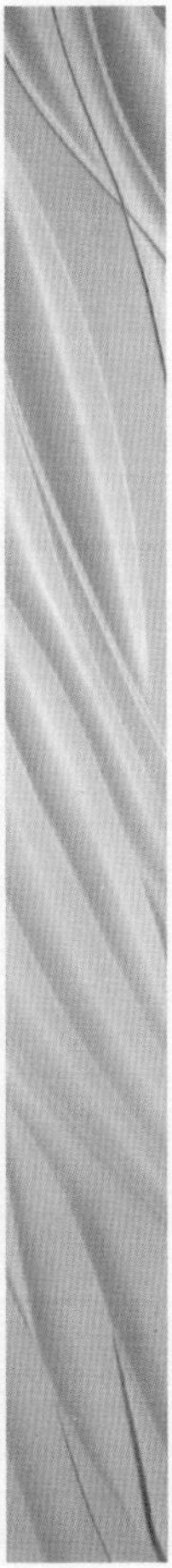

優化商標之後，第二步要做的，也是最重要的，就是為「周生生」建立一套由視覺 DNA 構成的全方位視覺系統。這套系統的目標是，以後不管是電視廣告、平面廣告、燈箱廣告、商舖裝修陳設、首飾盒、手提袋以至公司卡片，都採用同一視覺系統設計。

至於如何設計「周生生」的視覺 DNA，李永銓採用了該品牌名字原有「生生不息」之意作為靈感，然後配上中國人另一句吉祥話「年年有餘」，作為貫穿整個視覺設計的概念。中國人除夕喜歡吃魚，取其「年年有魚（諧音餘）」之意，因此，「生生不息，年年有餘」在具體意象上，就成了優哉悠哉的魚群在浩瀚煙波上來回游動，寓意正在傳宗接代的魚群無窮無盡、生生不息。水和魚構成了該品牌的重要視覺元素，而不管是魚群還是波浪，其流線型線條皆互相呼應，而且設計師特別強調，要在這種二元表面的設計上面展現更具流動感的 3D 立體視覺效果。

商舖內部設計則找來 EDGE 的 Gary Chang（張智強）負責，張最著名的設計為北京「長城公社」的「箱宅」，這是一個將廚廁完全埋在地板、創造更多空間的設計。「周生生」的室內設計，仍然採用線條組合成的「魚群上游」元素，並且一改過去珠寶店以一張長枱分隔售貨員和顧客的單座位設計，轉而成為一個好像坐在咖啡室的悠閑空間。燈光調暗，再沒有以往光猛如晝、過份耀目的傳統氛圍。顧客與售貨員坐在舒適的沙發上，關係顯得更親密，而進入珠寶商店，再不像以前那樣煞有介事，而是變得輕鬆自在，好像隨便逛一家時裝店，或者走進來欣賞、試戴一些首飾，好好享受一個閑逸的時光一樣。

系統工程完成後，「周生生」成功建立了自己品牌的視覺DNA。也是在同一時間，行內其他對手紛紛效法。由此香港整個珠寶金飾行業都獲得了優化和提升。

「周生生」與李永銓合作，其實始於二零零五年，當時「周生生」成立全球第一間位於迪士尼樂園的珠寶店「Midtown Jewelry」，李永銓參與其中。由於這是迪士尼樂園首次售賣一千多元至一萬多元的高檔珠寶產品，迪士尼玩具和紀念品向來所採用的「迪士尼顏色」，並不適用於金飾珠寶產品之上，因此在設計迪士尼造型的首飾及其包裝時，往往遇到很多困難。每次修改迪士尼的顏色，都要得到對方審核批准。最後產品成功推出，開拓了迪士尼樂園的高檔產品市場。為甚麼外國品牌對授權產品要控制得那麼嚴格？答案就是作為一間成熟的品牌企業，視覺系統必須牢牢掌握，否則就會失去了品牌的一致性和信譽。

Merry Christmas
Diamond in Motion

FIRST
CHOICE

超市或便利店內的競爭，李永銓常以「非洲森林內的弱肉強食世界」去比喻那超嚴峻的市場，「中港」如是，日本更加殘酷。那邊上架的產品有一美名——千分三，在一千種產品裏只有三種產物可以生存下來，其他九百九十七種最終會被市場淘汰而消失貨架中。便利店更加誇張，只有在銷售最前兩名之同類產品可以留下，其他就由新的產品取代。這種充滿達爾文汰弱留強的進化論，使日本零售貨物由小食、糖果、日常美容品以至雜誌，無一不作出高水平製作，才能不被「殘酷一叮」。故此一間小小的包裝設計公司生存一點不難，因為市場之質及量皆多，只有你達到一定水準，生存便不是問題。只不過，過去十多年，日本還未能走出經濟衰退的環境，價錢確實與八十年代末時，大有不同。

除了珠寶金飾，另一個超級市場「自家品牌」（housebrand）的設計案子，也充份展現出完整的視覺系統的重要性。二零零八年，香港大型連鎖超級市場惠康，委託李永銓替其自家品牌「首選牌」旗下一千四百種產品設計包裝。這是一個難度極高的案子，因為「首選牌」旗下產品五花八門，性質、形狀、包裝方法完全不同，由一把掃帚、一個中式鐵鑊、一瓶洗潔液、一盒餅乾以至一包冰鮮雞凍肉，可謂應有盡有，層出不窮。如何設計一種視覺系統，使該系統可以準確無誤應用在一千四百多種截然不同的產品上，成了這個案子的最大挑戰。

一般設計課程所教授的視覺設計，只應用於信紙、卡片、包裝袋這幾方面，可是如何利用同一視覺設計系統而應用於無數不同形狀、性質的產品上，即使很多大企業的品牌，也未必可以辦得到。最大問題不是原來的設計是否美觀，而是這個包含了視覺基因的系統，能否應用於不斷推出的不同產品上面，而不會格格不入，甚至脫離原有視覺基因。過去的失敗視覺系統，最大問題是不容易應用，即只能在某些特定形狀的產品呈現，而不能同時在其他各種形狀的產品上面呈現。例如橫放十分美觀的視覺系統，不能垂直放置；又例如只能應用於平面產品的系統，不能應用於立體的產品，即使勉強應用，也有可能因「水土不服」而出現視覺基因失效的問題。

全世界的大型超級市場，逾半收入來自他們本身的「自家品牌」。「自家品牌」的好處是可控制成本及售價，其他品牌的來貨價和售價往往已被批發商規定，因此在靈活性和利潤方面，都遠不如銷售「自家品牌」有利。

李永銓接手處理「首選牌」的視覺系統，發現原有系統混亂、老化以至整合和提升「自家品牌」的功效極弱。雖然採用同一個名字，但因包裝的視覺風格大異，消費者往往不能覺察到不同產品其實源自同一品牌。當時的標誌也不能給人一種美觀或者優質產品的感覺，大部份人認為那是一種廉價而低品質的產品。如此包裝和定位，結果只能讓顧客集中購買其廉價產品，如紙巾、抹布、燒烤炭或者給廉價產品使用的電池，至於要放進肚子裏的、安全性要求較高的食物，顧客信心不足，只會敬而遠之。問題是，一般超市八成收入來自食物類別，而當時的「首選牌」，食物類別只佔其銷售產品不足五分之一，「首選牌」面對的困局可想而知。相對而言，外國大公司的自家品牌，往往等同於高質素產品，例如在Mark and Spencer（馬莎百貨），你看到一件「Mark and Spencer」品牌產品，你絕對不會認為這是一件要以便宜取勝的低質素產品，這件產品價錢比其他同類產品再貴一點，你也會十分樂意購買。

環顧整個亞洲市場，除日本和韓國，其他地方的「自家品牌」都不成功。建立成功的「自家品牌」，一是必須具有整體性，二是必須維持優質產品水平。如此「自家品牌」才能成為一個具有「好感延遞」作用的品牌，讓消費者因對產品A有好感，而延伸至對該品牌的B和C產品也有好感。這些已建立信譽的品牌，在食物類別上亦必然能給予消費者信心。相反，如品牌系統混亂，給人不放心的感覺，則只能銷售平價產品，而不能創造出優質的品牌效應。

面對視覺系統混亂的情況，設計團隊首先要做的浩瀚工程，就是把「首選牌」旗下一千四百種產品分類。至於如何分類，亦要考慮周詳，究竟是按性質分類，還是按產品的形狀分類。最後他們採取了多層式系統分類，首先按產品形狀分成十二類，然後，再按產品性質分類，不同性質的產品會給予不同的色系，而每個色系又分成主色系和副色系，以備主色系用盡之時，才添上副色系應用。即使經過仔細分類，當時要應付的產品也有逾百種 SKU（Stock Keeping Unit，最少存量單位）[1]。一罐罐裝飲品、一把掃帚、一條毛巾、一包軟糖、一盒餅乾、吸塑裝的四個蘋果……各種產品的模樣都千差萬別。究竟如何設計一個應用指南，可以讓各式產品，看起來都像來自一個家庭呢？

這絕對是一項艱巨的任務。

一般做法是在任何產品加上一條色條，加一個商標，就完成了。可是對擁有一千四百種產品的超市「自家品牌」來說，如果全部產品只能使用一個色條，那麼產品性質的分野也會變得模糊，這也就是為甚麼李永銓設計團隊要先設計第一層主色，再設第二層顏色，而每個色系又分成主色系和副色系的原因。譬如女性用品不能採用男性化的色調，而食物一般不採用藍色和紫色。當然，這四十種顏色也經過細心調研，務使跟橙色的新商標配合。一般人可能奇怪，為甚麼要準備那麼多色系，但是在超市世界，同一款餅乾，隨時可能有八、九種不同味道，如果顏色一樣，消費者必然無所適從，而且，設計師難保將來這款餅乾是否還有新口味推出，這時主色系用盡了，副色系亦可繼而推出，確保系統不致崩潰。

除了色系，還要考慮到不同形狀的不同設計，例如豎身、橫身、圓柱體、吸塑裝，甚或一張標籤紙，又例如有圖片和沒有圖片的設計應如何規劃等等。

1 —— SKU 有時稱為「單品」，通常在連鎖零售門市中，該特定規格的貨品會有一個獨一無二的連串數字或字母，方便店員輸入該產品資料。SKU 與傳統意義上的「品種」概念不同，在電子儀器中，產品幾乎一樣但只要內部有某一種零件不同，就會給記錄成兩個不同的 SKU，產品序號亦不相同；在紡織品中，同款但不同顏色的衣服也是屬於不同的 SKU。用 SKU 的概念，可以區分商品的不同屬性，經統計後，可以大大加強商品採購、銷售、物流等各方面的效益。在超級市場而言，同一款餅乾但有不同的包裝，即屬不同的 SKU。

FIRST CHOICE
Kimchi Flavoured
Cup Noodles
韓國辛辣泡菜味杯麵
FIRST CHOICE
Abalone Flavoured
Cup Noodles
特濃鮑魚味杯麵
FIRST CHOICE
Rich Pork Marrow Soup Flavoured
Cup Noodles
特濃豬骨湯味杯麵
FIRST CHOICE
Garlic and Pork Marrow Soup Flavoured
Cup Noodles
蒜香豬骨湯味杯麵
FIRST CHOICE
Five Spice Pork Flavoured
Cup Noodles
五香肉丁味杯麵
FIRST CHOICE
Tomato Flavoured
Cup Noodles
蕃茄濃湯味杯麵

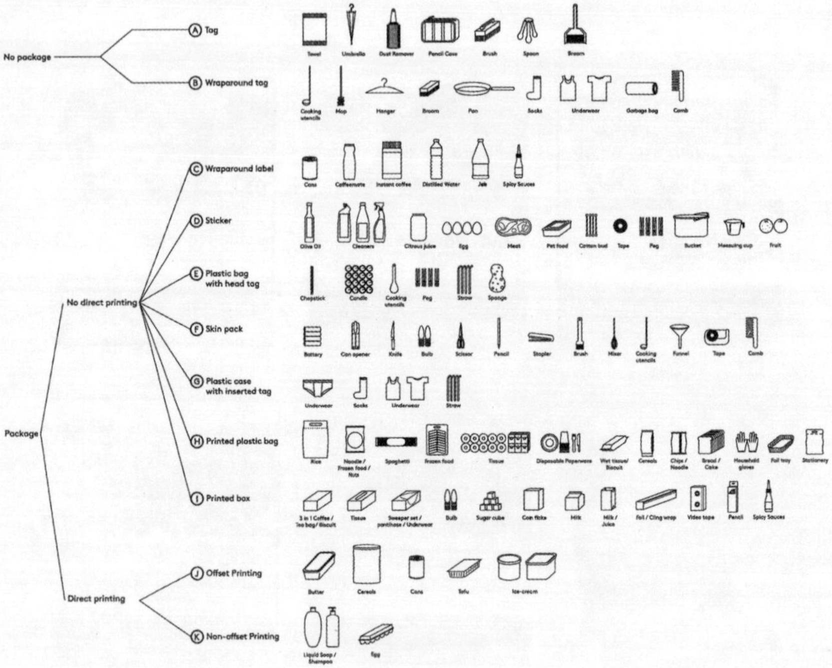
No package
A Tag
Towel
Umbrella
Dust Remover
Pencil Case
Brush
Spoon
Broom
B Wraparound tag
Cooking utencils
Mop
Hanger
Broom
Pan
Socks
Underwear
Garbage bag
Comb
Package
No direct printing
C Wraparound label
Cans
Coffeemate
Instant coffee
Distilled Water
Jak
Spicy Sauces
D Sticker
Olive Oil
Cleaners
Citrous juice
Egg
Meat
Pet food
Cotton bud
Tape
Peg
Bucket
Measuring cup
Fruit
E Plastic bag with head tag
Chopstick
Candle
Cooking utencils
Peg
Straw
Sponge
F Skin pack
Battery
Can opener
Knife
Bulb
Scissor
Pencil
Stapler
Brush
Mixer
Cooking utencils
Funnel
Tape
Comb
G Plastic case with inserted tag
Underwear
Socks
Underwear
Straw
H Printed plastic bag
Rice
Noodle / Frozen food / Nuts
Spaghetti
Frozen food
Tissue
Disposable Paperware
Wet tissue/ Biscuit
Cereals
Chips / Noodle
Bread / Cake
Household gloves
Foil tray
Stationery
I Printed box
3 in 1 Coffee / Tea bag/ Biscuit
Tissue
Sweeper set / panthose / Underwear
Bulb
Sugar cube
Con flake
Milk
Milk / Juice
Foil / Cling wrap
Video tape
Pencil
Spicy Sauces
Direct printing
J Offset Printing
Butter
Cereals
Cans
Tofu
Ice-cream
K Non-offset Printing
Liquid Soap / Shampoo
Egg

設計團隊最終設計了一本厚達二百多頁的《「首選牌」產品包裝設計手冊》，向負責包裝的有關單位員工，介紹如何使用這個設計系統。這本手冊必須簡單易用，使用者只須按產品形狀、類別翻查，即可知道設計樣式和使用顏色。對於每月都有新產品的超級市場而言，這是一本名副其實的「設計天書」。至於這本手冊的成敗，則取決於長時間使用後的效果。因為如果一年後這本「天書」應付不了日後的新產品，或者新接手的職員看不明白這本「天書」，那麼就宣告失敗了。三年後的今天回看，這本「天書」證明成功了。「首選牌」的產品愈出愈多，尤其是在食物種類方面，更取得長足的進步。

對於李永銓設計團隊來說，要為過千種產品做包裝設計，是他們一次充滿挑戰性的新嘗試，因為普通的產品包裝，例如珠寶，可能只需設計十多二十款而已。「首選牌」最初第一輪的設計，在電腦上完成，第二輪則把有關設計落實到百多種具代表性的產品之上，那時候要使用兩張長枱才能擺滿這一百多個 dummy（樣本），場景盛大，蔚為奇觀。

「首選牌」負責這個項目的 CEO，是一名資歷頗深的外籍人士，他對產品設計的要求極高。「他是一個不問感覺而問原因的人。他會問，為何這個弧度跟另一個弧度不同，為何商標要放在這個位置，你不能說這樣比較漂亮，因為

右 -「首選牌」的產品種類繁多，其設計重點在於如何利用有效的系統將上千種不同形狀的產品分類。

他會說，你覺得漂亮，我不覺得，那你又如何談下去呢？」李永銓說：「他問你一個問題，你不能說不知道。你一定要讓他知道，每一個設計背後都有一個理由、一個答案。」

譬如商標的弧度來自原有葉子的設計，因此色條方面也採用了互相呼應的弧度，而色條內的白點也是來自葉子圖案，互相呼應的結果是給人一種緊扣的感覺。至於商標位置放在產品右上方，因為這是人體最重要器官心臟的反射位置，也是我們視覺上最容易留意的地方。

過去李永銓的設計案子，大多有奪人耳目的「爆炸」效果，以轟動取勝，但在以上兩個銳意建立視覺品牌完整性的個案，產品設計並非以「爆」取勝，而是相對較為沉穩。這是由於不同品牌需要給人不同感覺，如果是以年輕人為主的品牌，「轟動」、spicy（刺激），可能與品牌非常配合，但在其他一些較成熟的市場，匹配和有效比純粹「轟動」更為重要。

建立一套完整的品牌視覺系統，成功的標準有三：一、容易讓消費者辨認及記得；二、給人一種優質感覺；三、有延續性，包括可延續至不同領域的多元化產品，也包括可以長時間延續下去而不會突然脫離該系統，很多失敗例子是系統不能順利在一、兩年後應用下去。

外國成功品牌如星巴克，在全球不同地方開連鎖店，但品牌形象一致，這對消費者來說，絕對隱喻了一種信心保證。品牌的威力，往往是透過年月日累積而成的，所以「一以貫之」的視覺品牌系統在長遠發揮品牌威力時十分重要。品牌的個性建立得牢固，甚至可應用在其他本業以外的產品之上而取得成功，這是因為消費者一方面想享受新的體驗，一方面又想獲得品質保證。在日本，每天有二百種新糖果誕生，所謂新糖果，其實只是味道濃些淡些，或轉了一款果汁味，甚至只是換了一個新的吸引人的包裝而已，可是新包裝糖果仍然能吸引部份顧客，因為消費者真正的目的不是購買糖果，而是希望追求一種新的體驗。如果我們便利店忽然擺了一瓶瓶 MUJI（無印良品）的蒸餾水，跟其他蒸餾水一樣只賣六元，這個屬於「無印」出品的產品必然橫掃其他蒸餾水，因為 MUJI 品牌個性完全凌駕其他牌子，這種「品牌蒸餾水」一出，我們必會放心地享用這個「新體驗」。如果我們到外地旅行，發現有價錢相若的商務酒店，其中一間為「MUJI」出品，相信這間「MUJI」酒店必然對本來就喜歡到「MUJI」購物的人產生極大吸引力。

品牌的威力，就在於能創造忠誠的客戶。當然品牌必需擁有一個完整的、富有個性的視覺品牌系統，讓消費者能辨認、認同，進而產生情緒反應。

在建立視覺系統方面，韓國師法於日本，日本師法於美國，香港仍然落後於大市。在韓國和日本，超級市場的「自家品牌」已成為優質貨品代名詞。香港的「首選牌」近年急起直追，目前已成為優質產品代表，擴展至新加坡、馬來西亞、台灣和中國大陸。

First Choice
Insoles
鞋墊
Size
7-8
(40-42)
Men's Sport Socks
Extra 2 Pieces
加送2片
Cockroach Bait
甲由藥餌
Sterile Plastic Plasters
Deodoriser for Shoe Cabinet
Deodoriser for Refrigerator
Deodorant Spray
Cracked Heel Cream
腳跟龜裂霜 Krim Tumit
Formulated to Repair Cracked Heels
Net Weight 淨含量
Berat Bersih
75g 克
Shower Gel
Shower Gel

Japanese Udon
日式烏冬
Cup Noodles
Cup Noodles
Cup Noodles
Cup Noodles
Cup Noodles
Cup Noodles
Pure
Canola Oil
純正芥花籽油
Australian Marble Sirloin Steak
澳洲雪花西冷牛扒
Green Apples
FIRST CHOICE
Original Coffee
香滑咖啡
Net Vol. 淨容量: 250mL 毫升
LIME FLAVOURED SOUR GUMMY
ORIGINAL SOUR GUMMY
STRAWBERRY FLAVOURED SOUR GUMMY
Blueberry Flavoured
Crispy Wafers
藍莓味格格脆威化
Peanut Flavoured
Crispy Wafers
花生味格格脆威化
USA Jumbo
Mid Joint Chicken Wings
美國珍寶雞中翼

一個品牌系統成形，需要時日累積，時日愈久，個性愈強，將來應用範圍愈闊，威力也就愈大。如果把人套進品牌策略上，那麼，一個人的成功，也是靠日積月累、鍥而不捨而來的，一個人可以幸運於一時，但決不可能永遠幸運下去。

瘋狂吸收「不知道」的知識

李永銓說，他的知識源自不停的學習。而他一直維持的學習模式，就是在一段時期之內，瘋狂集中研究某一個專門領域的知識，這些知識有時來自正規課程，但絕大部份是來自書本的。

舉例而言，李永銓最早的設計知識來源，來自早年香港的各種設計課程。正式入讀理工大學之前，他已四出聽課，讀集一設計，讀大一設計，也讀白英奇專業學校，現在還很記得當時靳叔（靳埭強）年輕時的樣子。李永銓說自己讀設計，有如看電影，讀不同的設計學校，上不同的課程，就好像看不同的電影一樣。有時看看這個講師這麼說，那個講師卻那麼說，他們的觀點有時互相配合，有時卻互相對立，勢成水火，這對李永銓來說，就是趣味所在。每個課程，對他而言，都像武俠電影，經常刀光劍影。

不過，真正的知識，來自書本。李永銓自小無書不歡，看金庸、古龍、魏

2 ——《文化新潮》由馮仁釗（即黎則奮）等人創辦，1978 年的創刊號上大呼「害怕也沒用，你必須作好準備，因為新文化人已經到臨！」認為上一代文化人（指的是岑逸飛和胡菊人等）的工作已不能滿足現在的需要。雜誌以「多科際人」身份，積極面對文化商品化現象。另外，他們亦很重視語言的運用，時有非常規的行文風格，一時頗能引起社會注意。

力（倪匡早期筆名），也看叔本華、卡夫卡和他頗覺討厭的余秋雨，後來則迷上了《文化新潮》[2]。這本雜誌，算是多少開啟了他對國情的認識。李永銓在香港理工大學畢業後，曾做過多種工作，包括文字、電影和音樂工作。

李永銓的閱讀風格是「主題研讀」，一頭栽進某個主題後，就會千方百計搜尋坊間所有找得到的相關書籍來閱讀，長年下來，他的閱讀廣度很闊，而且很多議題他也讀得很深入。例如他迷上黑澤明[3]，所有關於黑澤明的書，不管中文、英文還是日文，他都找來讀，由影評、劇本到黑澤明的生平……後來迷上活地亞倫[4]，也是如此。「差不多地球上所有我看得懂的書，我都非找來看不可。」近十年，李永銓的閱讀，化成三線發展：一、日本古代歷史以至近年日本問題的著作；二、中國古代歷史；三、清末民初歷史、共產黨的歷史，以至新中國成立至今的現代中國歷史。

他有一個習慣，就是每到一個新市場，包括當年的日本和現在的中國市場，他都會瘋狂閱讀一切關於當地歷史的書籍。

沒有一本書是垃圾

最初認真讀中國歷史，始於九七年香港回歸，作為中國人，如果連祖國歷史也不懂得，未免說不過去，由於希望全面客觀了解較接近真相的中國歷史，

3 ——黑澤明（1910 – 1998），日本知名導演，一生共執導了三十部電影，其中許多具有世界性的影響力，如《羅生門》、《七武士》《影武者》和《亂》等。他是日本電影史上最重要的導演，被譽為「電影界的莎士比亞」。

4 ——活地亞倫（Woody Allen），1935 年出生，美國電影導演、編劇、演員、喜劇演員、作家、音樂家與劇作家。他的電影獨具喜劇風格，經常流露詭辯式幽默和雋永，帶有一種知識分子的戲謔風格。

FIRST CHOICE
Digestive Biscuits
FIRST CHOICE
Original Coffee
香滑咖啡

他分別在中國大陸、台灣和香港購買相關書籍，結果收穫甚豐。他認為中國歷史是支離破碎的歷史，每一個朝代都推翻了前朝累積沉澱的東西，日本歷史儘管比中國短，但文化一直得到保留和優化。

中國的漢唐，中國的清朝，跟一九四九年以後的中國，可謂全然不同的國度。

如果問哪本書對他影響最大，李永銓就會顯得無奈。因為他認為世界上沒有一本書是垃圾，很多書對他都有影響。「有時幾乎整本書都是垃圾，但可能書中有一句十分精彩的，就改變了我對整本書的看法。」

他喜歡蘇格拉底，因為蘇格拉底，李永銓很喜歡聊天，跟人對話。「找一個好的聊天對手很難，如果給我遇上了，我就會覺得很幸福。」此外，日本作家芥川龍之介對人生消極的態度、對人生痛苦之沉溺，對每件事都有多角度的看法，讓他反省，所謂對錯和真相，並不可能有絕對客觀的記述。李永銓說，每次重看芥川龍之介的作品都有很大的感受，近年他絕對不會錯過的，則是日本趨勢大師大前研一的著作。

李永銓指出，亞洲經濟變化有跡可尋，由日本的衰落，可以看到中國未來的影子。「成功未必有方程式，失敗就有他們的軌跡。」這也是近年他經常閱讀日本發展軌跡和趨勢的書籍的原因。

日本的文化多年一脈相承，中國的文化則隨朝代而斷裂。中國特別是清朝的那些繁縟的圖騰，是否能代表全部中國文化呢？李永銓對此頗為保留。一九四九年新中國成立後，所謂文化藝術，滲入了太多政治意味，那是一個時代的符號，或者一種能代表那一時期風格的東西，但完全跟中國幾千年文化沾不上邊。

大概是一九九三年，當時李永銓在日本工作，住在日本一間小型的商務酒店。李永銓的日本經理人，每天送他回酒店後，自己乘車回家，大抵回到家裏已經是凌晨一、兩點。奇怪的是，第二天出門，經理人總是已經等在酒店大堂了。一天李永銓忍不住問對方，怎麼你這麼早就到了，經理人答，怕你提早下來，所以每次都提早十五分鐘到。李心想：「好，我明天一定要比你早下來，這次讓我等你。」

這一天，李永銓提早半小時下來，他很高興發現那經理人果然還沒有出現。就在這個比對方早來了十五分鐘的時候，李永銓看到一幕讓他感受頗深的情景。

他看到一個年約六十多歲的日本婦人，穿着一身制服，戴着手襪的手，正推着一架挺漂亮的推車，推車上面放滿了清潔用品。那清潔工來到一張圓形

FIrST
CHOICe

木桌前面，準備開始工作。那木桌直徑一點五公尺，上面擺着一盆蘭花。只見那清潔女工首先從桌上捧起盆栽，放在手推車上，然後拿了一把長約兩寸的鉗子，小心翼翼地把掉在桌上的一些花瓣逐片夾起，再把花瓣收集在她的手心上。她小心查看花瓣數目，肯定桌上沒有遺漏，才把花瓣放進循環回收袋裏。

再取出噴水器，朝着圓桌灑水，接着用一塊厚布，用相同的縱向仔細地把桌子抹了一遍，然後她換了一塊乾布，用相同的橫向仔細地把桌子抹了第二遍。她用紙巾繞着手纏了幾圈，把桌上僅有的水痕抹淨。然後斜着身子，歪着頭，以三十度的角度審視桌面，她似乎不大滿意，拿起了噴水器，從頭開始，重覆剛才的所有步驟。這一次，她歪着脖子看了幾次，終於滿意。她把花盆放回中間位置，又稍稍調整了一下，分別走到桌子的四個方向看，以確定花盆不偏不倚放在桌子的正中央。當她確定自己把那盆蘭花安放在完美的位置之後，走到那桌子前面，站直了身子，然後深深地向那盆蘭花作了個九十度鞠躬，才推着車子離去。

這時候李永銓的日本經理人也到了，驚奇地發現李永銓已坐在酒店大堂。那女工清潔木桌的整個過程花了超過十五分鐘。李永銓由此察覺到，日本民族對工作本身的尊重。即使是一名清潔女工，從事着其他人看來十分簡單的清潔工作，但從她對清潔一張桌子的態度，可以看得出，她絕對不認為自己是一個撿垃圾的清潔工，她認為自己工作是神聖的，為自己每天所做的工作感到自豪。

相對於日本人認真的工作態度，中國人成了不折不扣的「差不多先生」。日本人對完美的追求，來自他們歷久累積而成的文化。今天的中國人像一個初生民族，大部份人追求的是名片上的頭銜和生存，而不是能讓自己無愧於心的工作態度。李永銓說自己並不崇日，他說自己只是一直留意細察着每件事背後成功和失敗的原因。

——「周生生」的例子證明，一個完整的視覺系統可以建立個性，而個性是品牌成功之道；那麼，一個人要成功也必須要有個性嗎？

李　人跟產品，表面不同，其實一樣。以明星為例，你之所以會喜歡一個明星，不是因為他的外表，而是因為他充滿個性。周星馳的無厘頭，黃秋生的霸氣，吳鎮宇的神經質，梁朝偉的憂鬱。有些人賣美麗，可能只能賣兩年，但賣個性，可能征服你幾十年。賣個性比賣美麗更長遠。一個做棟篤笑的人，賣的也是個性，黃子華是有文藝風格的知識分子（儘管有時說粗口），周立波是市井滑頭，郭德綱是傳統相聲變奏……如果沒有個性，只是一個會說話的人罷了。

——你說要利用視覺設計品牌，為「首選牌」定位為優質產品，可是，如果產品本身並不優質，那麼，僅僅換了個較好的包裝，有用嗎？

李　我們最初收集了大量有關品牌的產品，在試食過程中，有小部份產品水平不好，我們直接要求客戶撤下那些產品，或者更換生產商，如果那些產品質素不改善，我們不會替那產品做包裝。很多人怕得罪客戶，我們不怕，因為我們的最終目的，也是替客戶着想。

——甚麼時候才會為客戶製作有指南作用的「產品設計手冊」？

李 標準有三：一、我們有沒有時間；二、客戶有沒有需要；三、客戶有沒有這個預算費用。這種設計手冊，一如其他所有設計個案，都是「度身訂造」的，手冊要成功，最重要是前期系統分析功夫，這是最複雜的。當然，除了超市，其他客戶的系統分類會較為簡單，例如茶葉的包裝分類，就以價錢及市場來決定。

周生生

「周生生」於上世紀三十年代創立，前身為「生生金」，店名取意「周而復始，生生不息」。三十至四十年代已於廣州、香港、澳門及湛江開設分店，業務包括出入口、生產、批發及零售貴金屬、珠寶、首飾等。

首選牌

「惠康超級市場」的自家品牌之一，於一九九八年建立，旗下貨品逾千種，為家常日用品及食品。以提供優質而又創新的產品且價格相宜的市場定位，打入市民的日常生活之中。

設計大歷史——下一波：高檔品牌

THE UPCOMING BRANDING TREND

設計師要為未來把脈，必須熟悉歷史。香港現處身中國崛起、歷史大轉折的重要時刻，應如何發揮自己的優勢？作為設計師，能否窺見箇中玄機，是未來十年決勝的關鍵。

回顧多年，李永銓永遠走在潮流之先，早着先機，從容地拿到客戶更大的預算，在最合適的時間，推出產品。

潮流之先，永遠是最好的時間。那個時刻，爭分奪秒。不只是設計師要快，客戶更要快。對設計師來說，最可怕的惡夢是聽到客戶說：「我要改到最好才推出！」一聽到這句，設計師就完了。（甚麼叫最好——明天的最好跟今天的最好已經不同！）這肯定是最壞的時間。

最好的時間是，乘着潮流的第一波，關山輕渡，逍遙自在。那時候，客戶只希望產品盡快推出。雖然辛苦，有時間限制，但論客戶預算，論產品效果，那是最好的時間。

無論是九十年代的電訊業（開放壟斷）、科網業（科技變革）、基建業（衰退概念）、零售業（復甦概念），設計品牌都要在最好的時間亦即是潮流初起的時候上馬。（參看「滿記」）

問題來了：那麼，下一波潮流會是甚麼呢？

答對了，只有一樣東西，那就是高檔品牌。

中國未來會如何？首先，中國大陸高端消費層已經形成，全國 4% 人口擁有大量財富，高端品牌的自用市場，已經征服全世界，預計中國的高端品牌消費總額很快會超越美國，成為世界第一。可是，除了自用市場，即B to C（企業賣給消費者）市場，中國還有送禮市場，而送禮市場，除了朋友之間互相送禮，還包括企業與機構之間的送禮市場（B to B市場）。

設計公司一般會花很多時間尋找客戶、處理客戶問題，可是，如要捕捉先機，洞悉浪潮何時來臨，我們反而應花更多時間觀察國情變化。

如何預測國情，方法簡單，就是鑑往知來、明白歷史。在亞洲區而言，有一個國家的近代歷史非常特別，這國家比其他亞洲國家先行，曾經在八十年代無比風光，後來泡沫爆破，直至今天卻還元氣未復。這國家就是日本。日本國家的經濟發展，正是香港和中國大陸的一面可供借鑑的鏡子。

鑑日知中　日本歷史不可不讀

要預測中國未來，何妨先看一下日本的過去。

日本究竟實行甚麼制度？日本經歷黃金三十年，為何崩潰、蕭條至今？日本實行的制度，其實不是資本主義（按：日本並沒有資本主義所奉行的自由市場），而是社會半福利主義，更嚴格地說，日本是實行一種「公司社會主義制度」。整個社會的制度，有如家族公司，採世襲制，而公司的員工，則被視為終身員工，享受穩定的晉升機會和薪津福利，誰能晉升取得更優厚的薪酬，主要講究論資排輩。即以日本政府機構而言，也是充滿世襲的公司色彩。

日本經濟學家竹內靖雄曾寫過一本《日本的終結》，痛陳日本經濟泡沫爆破的前因後果。當日本經濟陷入衰退時，政府不斷耗用龐大開支興建大型基建，結果基建的投資效益甚低，而日本政府的國債則變成天文數字。興建大型基建救市，發揮的是暖爐效益，熱力及近不及遠，幾千億投資的基建，只能令那一年的失業率不再升高，只能讓建築材料商受惠，整個地區的經濟卻毫無起色。

為何日本一遇經濟衰退，即啟用大型基建救市方案？原因是日本的官僚系統是一個已經膨脹、保守、老化的官僚系統，所採取的決策，只能是短期有效、讓政府可平穩繼續管治的措施，而不可能是牽涉體制改革、擁有宏觀視野的長遠救市策略。

在「公司社會主義制度」下，擁有威權的中央集權官僚系統，在經濟發展早期，成效顯著，因為民眾阻力小，發展可以十分迅速。尤其二次大戰後，亞洲先後爆發韓戰和越戰，日本成為美國的補給基地，經濟從此上了軌道。可是，這種帶有世襲特色的官僚系統，漸漸經歷出生、成長繼而老化的階段，膨脹的官僚體系令日本貪污情況日益嚴重，日本社會活力不再，好像人體血管慢慢因硬化而出現血管栓塞一樣。最初能令經濟加速發展的官僚，如今已經變成阻礙社會進步的絆腳石，甚至變成整個社會的癌細胞。日本的發展狀況，綜合一句話來說，就是「成也官僚，敗也官僚」。

香港六十年代亦經歷貪污，但時間不長，七十年代初廉署成立，香港體制內的貪污沒有演變成癌細胞。反觀今天中國，鄧小平南下之初，經濟發展迅猛，可是二十年後，日益膨脹的中國官僚系統，又會何去何從？

成也官僚　敗也官僚

日本初期通過權力集中的人治，經濟得到高速的發展，可是，累積幾十年，賺大錢的企業財團全向官員靠攏，形成大大小小的利益輸送。日本七十年代連串重大環境污染醜聞，絕對離不開官員貪腐。日本自民黨執政三十五年，吃盡任何利益輸送，儘管當時先進國家都已採用環保石油氣，然而日本國內的汽車仍然使用污染程度較高的柴油，原因是控制能源的財閥，一直付錢讓國會議員投反對票。直到很多年後，議會終於通過採用石油氣，原因不是議員良心發現，而是因為操控石油氣的大財閥這次付出了更大的酬勞。整個日本制度佈滿黑金，這也是導致日本逐步走向衰落的重要原因之一。日本制度發展至今，欲救無從，唯一方法是取消整個議會和政府，把所有黑金和政治勢力連根拔起。日本不會因為沒有議會和政府而不能運作，因為北歐國家已出現過政府真空期，而市民日常生活絲毫不受影響。美國亦出現過醫院罷工，結果那期間死亡人數反而下跌了（因為少了庸醫亂做手術）。日本的今天，龐大的官僚體制害處很大，存在價值卻愈來愈小。

七十年代末，日本如日方中，哈佛大學退休教授傅高義寫了一本《日本第一》歌頌日本，這本書出現了十年，日本快速衰落。中國的現狀，究竟走到日本當年的甚麼階段？

今天的中國，經歷高速成長，中產富豪出現，市場由日用品市場，變成品牌市場，再變成高端品牌市場。中國人開始對高端品牌瘋狂追求。

這段瘋狂追求外國高端品牌情況，日本也曾在七十年代出現過。為甚麼日本人和中國人先後都如此瘋狂迷上外國名牌？先説日本，日本在十八世紀，仍然是一窮二白的國家，直至十九世紀伊藤博文推動日本「明治維新」，日本才一舉躋身世界列強，可是到二次大戰戰敗，日本人又變得極為卑屈。整個近代史，日本都是處在一種追趕西方的自卑心態。踏入六、七十年代，日本經濟起飛，日本人瘋狂排隊購買外國高檔產品。這其實是這個自命「神之民族」一種自卑補償後的自傲心理。

香港人也曾經歷買名牌風潮，但瘋狂程度比不上日本人。

直到近年，亞洲出現了另一族群，他們買外國名牌的瘋狂程度，比之當天的日本，可說是有過之而無不及。這就是現在的中國大陸人民。

中國人民心態失衡程度，較之日本，更為嚴重。中國人本來自命「天朝大國」，經歷甲午戰爭後，一再陷入亡國滅種之邊緣，近百年來，中國人飽受屈辱。這種屈辱感至今仍然驅之不去。

中國人實際上比其他任何人更需要品牌。中國人追求品牌有其心理上的複雜性。外國的高端品牌不僅照顧着中國人的身份象徵、虛榮感，更同時照顧着中國人曾經在歷史中遭受西方列強欺壓的恥辱及自卑。

中國人用花錢來創造自我感覺良好的「大國民」心態。這是一個社會未成熟時必經的階段，就像六、七十年代的日本和八十年代的香港。處於這階段的人，最需要靠物質來證明自己的身份和地位。高端品牌本來就是為了滿足這種需求而存在的。

除了自用的高端市場，剛才還提到送禮用的高端市場。

日本的財閥和官僚之間，當時就創造了一個 B to B 的高端送禮市場。今天的中國，送禮的高端市場，也愈演愈烈，以前是煙和酒，現在還可以送一條煙嗎？一出手已經是 Patek Phillippe（百達翡麗）。

中國歷史曾盛產名牌，一千二百年前的唐代，全球 GDP 超過一半來自中國，中國船隊載的全是出口歐洲的最豪華產品：瓷器、絲綢、茶葉。至清朝，一張紫檀傢俱，價錢仍然遠高於維多利亞式的貴族座椅。（參看「上海錶」）

不過，新中國成立後，中國自製高檔品牌的歷史傳統湮沒了。中國人經歷三十年窮困，至鄧小平的「改革開放」政策，才慢慢接觸到電視機、空調和冰箱。直到近年才開始認識高檔品牌。

中國人想打造自己的高檔品牌，最方便法門是抄別人，可惜，這個遊戲的規則是：「一抄你就輸了」。一個高檔品牌賣的是個性和虛榮，一抄別人，就沒有了個性，那還怎可能成功？

從歷史斷層、認知斷層以及山寨充斥的環境這幾方面來看，中國目前肯定還沒有自製品牌的理想土壤。沒有人會相信中國可以製造最高端的品牌，等於沒有人相信非洲製造的豪華跑車。高檔品牌的文化內涵是需要長時間的文化沉澱。

解決辦法是用移植手法。既然自己沒有種子，也沒有土壤，不如把人家的土壤和已發芽的植物一併移過來吧。

所以「上下」可以成功，靠的不是中國土壤，靠的是 Hermès 的土壤。「上海錶」成功，靠的是瑞士陀飛輪設計大師 Eric Giroud 的土壤。

移植過程中，有的人採用了真土壤，有的人採用了假土壤，假土壤可以騙人於一時，但不可能長期欺騙大多數人。日本亦經歷過學師階段，寒窗十載，最後終於成功打造出 SONY 和 Toyota 等世界名牌。

要建立中國土生土長的名牌，一代人未必可以，可能需要兩代人的努力。不過，中國人太急躁了。一萬年太久，只爭朝夕。十年太長，五年也太慢。這種心態下，如何打造不是曇花一現的高級品牌呢？中國企業有雄心的人太少了，大部份企業 CEO 念茲在茲的竟然是申請 IPO（首次公開招股）上市。

這時候，香港正好可以發揮重要的作用。香港擁有的許多優勢正是大陸嚴重缺乏的。香港擁有一百五十年貼近西方的文化制度，品牌和版權在這裏受到良好的法制保護，香港有二十年中產文化DNA，香港是在國內外信用最好的華人城市，香港是全世界高檔品牌的集中地。香港的周大福是國內唯一可以和其他四大外國品牌並列五大的首飾名牌。所以，如果中國要發展高端品牌，基地應轉移至香港，香港絕對有條件和土壤發展中國的本土高檔品牌。這是中國發展名牌的契機，也是香港企業（不限於設計）發展下一波浪潮的契機。

人口老化　再下一波巨浪

如果高端品牌的浪潮正在出現，那麼，再下一波出現的又會是甚麼呢？

我們回看日本今天的處境。很遺憾，日本正出現比經濟衰退更可怕的症狀，那就是「人口老化」。人口老化將導致一個地方：一、思想開始保守，因為太多上了年紀、不願再冒險的既得利益者；二、生產力下降，年輕勞動力和消費力萎縮；三、政府福利開支不停增加。如果這個地方不改變人口政策，任何人任何其他政策都將不能令這塊地方起死回生。

目前日本每六個人當中就有一個超過六十五歲，到了二零二零年，日本每三點七個人當中就有一個超過六十五歲。如此下去，再過五百年，日本人就會絕種。

解決辦法只有一個，就是開放移民政策。美國作為一個只有二百年歷史的新興國家，稱霸全球，原因是這國家永遠開放給新移民，這國家的制度特別之處，就是不斷破壞自己，然後不斷更新。美國永遠年輕，部分動力泉源都是由移民所組成，這些移民包括有財閥、專業人才和年輕的勞動階層。

日本遠沒有美國開放，外國人幾乎難以入籍。跟隨在日本之後的是香港，香港的嬰兒潮即將踏入老年，香港人口老化問題已經迫在眉睫。所以香港一些人提出「蝗蟲論」[1]，其實是在扯香港後腿。三十年前，香港每年新生嬰兒數目高達十五萬，現在香港人每年本土新生嬰兒只有三萬人，另有六萬新生嬰兒來自中國大陸父母。如果禁止「雙非孕婦」到港產子，堵截一切大陸人入境產子措施，結果只會讓香港人口老化問題將來更形惡化。無論如何，香港人口政策若不作重大改變，人口老化問題始終逃避不了。

將來要面對人口老化的，還有中國大陸。中國自一九七九年實施「一孩政策」，因此，八十年代後出生的人，佔總人口數目的比例大跌，當今天的「八十後」踏進中年，他們就要承擔中國老年人口比年輕人口更多的問題。

人口老化對一個地方的經濟可以造成無可挽救的打擊，但站在商人立場而言，人口老化本身也是一個商機。這個商機就是銀髮一族商機。陷於人口

1 ——蝗蟲論指部份香港人以「蝗蟲」來稱呼中國大陸人，認為大陸遊客掠奪香港社會資源、侵蝕香港核心價值，被針對的包括來港產子的「雙非孕婦」（即待產嬰兒父母皆非香港人）和大量購買香港進口奶粉的水貨客。2012 年意大利名牌專門店 D&G 門外出現大批示威者，起因是該店不讓香港人在窗櫥外拍照，但卻讓中國遊客拍照。這事件後來引發一些針對大陸遊客的「蝗蟲論」。

老化城市，老人醫療和藥物市場都會因而興旺。這就是高檔品牌以後的一下波浪潮。

昂貴的行政系統

日本的問題叢生，一是官僚膨脹、政府顢頇無能，一是人口老化，經濟沉痾不起。日本民眾早對政治改革絕望，認為無論在朝在野，任何政黨上台皆不能改變經濟之困局。香港人亦對本地政治愈來愈失去信心，香港政制一日不改革，只怕政府官僚愈趨保守自大，最終也會步日本之後塵。

至於中國，中國還可以走多遠？現今中國，表面繁榮，可是負債率和稅收不斷攀升，稅收超過十萬億，仍然入不敷支，以這種比例的稅收，在歐洲已經是福利國家水平的稅收了，可是，中國福利水平卻達不到北歐諸國的水準，而且中國稅收竟然還在不斷增加。目下餐飲業的逾七成收入已用作繳稅，難道將來還要把收入的八成都交給政府不成？這樣的企業還可以生存發展嗎？

中國曾經是很優秀的民族，受西方哲人崇拜，因為中國人追求精神文明，可是今天中國人變得比任何民族更不講精神文明。在這片國土上，不斷出現令人怵目驚心的道德真空事件。

中國經濟學家郎咸平不贊成中國稅收太高，因為這樣高的稅率，很容易導致企業鋌而走險，以賺取「正常情況以外的利潤」。這些「正常情況以外的利潤」包括山寨，包括毒奶，包括地溝油。

或問，中國收這麼高的稅款，那些稅款哪裏去了？答案是中國擁有一套全世界最昂貴的行政系統。在這方面不改革，中國官僚膨脹的程度只會比日本更為惡劣。

如果中國的醫療、教育、福利，都被一個低效的行政系統奪去了資源。中國還可以走多遠？

中國經濟和社會形勢目前到了一個拐點，習近平這一代領導人變得十分關鍵。沒有人希望社會動蕩，總是希望體制內的改革可以成功。世界上沒有最好的制度，但能自我完善的制度，就是今天最好的制度。沒有一種最好的制度可以監管一切企業或政府運作，只有人民可以，只有傳媒可以。

為何看《源氏物語》

跟李永銓接觸過的人，可能知道他的確有商業頭腦，可是，並不是所有人都知道，他對市場的認識是來自他看得懂歷史。

「看得懂歷史，就看得懂所有國家的變化，看得懂所有國家的變化，就可以看得懂一個特定國家的變化，看得懂一個特定國家的變化，就能看到市場變化。」李永銓說。

很多人都奇怪，為甚麼李永銓要看日本歷史。他特別喜歡看《源氏物語》[2]，豐子愷也曾翻譯過。這個版本是他在文革受批鬥前，為實現向弘一法師許下承諾而完成的作品。

《源氏物語》不是歷史，而是以人的故事為主的長篇小說。「我們之所以能從過去的歷史，看到今天事件的引證，是因為過去和現在發生的一切，都不過是人的故事而已。」李永銓說：「不管是一個國家、一個朝代、一個市場、一間企業，其實都是把人擴大了的行為和故事。」

換言之，讀一個人的行為和故事，其實就是讀歷史；反過來說，讀一個國家的歷史，其實讀的也是人的行為和故事。

讀歷史可以知道人類的行為，於是也可以知道市場的行為。「我對歷史愈來愈有興趣，因為原來每一件事都逃不過歷史的發展規律。」看歷史，其實有如看《聖經·啟示錄》，你讀的不只是過去，讀的還有未來。你只是需要「解碼」。

2 ——《源氏物語》是日本著名的古典長篇小說，成書於 1001 年至 1008 年之間，是世界上最早的長篇寫實小說，作者是一位女性名叫紫式部，內容為一皇族及其後代的愛情故事。

士生一代間 誰不有浮沉——失敗和成功的反思

REFLECTIONS ON FAILURE AND SUCCESS

一向被人稱為平步青雲、順風順水的李永銓，也有遇到挫折和失敗的時候。

不少人問，「上海錶」、「滿記」、「bla bla bra」、「悅木」等，全是成功個案，那麼失敗個案呢？其實，在十年前，也出現過不成功的案例，主要出在兩方面，一是客戶問題，一是自己問題。如果要防止失敗，大家 mind set（思維）要一致。當初客戶委託一間設計公司，可能是被該公司的往績和名氣打動，但是未必認同設計背後的理念。對設計公司而言，企業規模龐大、在市場上有相當地位的大客戶，未必是最好的客戶。因為大客戶常存有一種心態，既然自己過去的業務如此成功，現在只是委託一間有名氣的設計公司，為自己公司的形象稍為粉飾一下就可以了。如果是抱着這樣的心態，那麼該企業「粉飾」與否，對其產品銷售根本沒有影響。如果改了設計，跟沒改的時候差不多，大量的工夫，花在把十四條線的商標減至十三條線，那樣負責設計的團隊也不會感到高興和滿足。雙方勉強合作的結果，往往是兩敗俱傷，客戶覺得新設計沒甚麼了不起，作品在市場上的確也沒引起特別的反應，而設計團隊在過程中愈做愈沒勁兒，最後士氣亦大受打擊。

失敗的個案，通常緣起進行項目簡介時，設計公司接收到錯誤的資訊。有時需要經過幾次深入接觸，設計公司才會發現客戶的市務部、總經理和老闆，他們所表達的是三個不同的方向，有時是市務部揣摸總經理的意思，總經理再揣摸老闆的意思，結果跟公司真正決策者想走的方向大相徑庭。因此，進行簡介會議時，必定要確保整個項目的決策者是誰以及他的想法。如果第一次簡介，客戶的決策人未出現，則必須再安排時間，與決策人直接見面，詳細確認產品的市場和設計方向。

如果不能直接跟決策者會面，經過幾重演繹和傳遞，原來信息就會被大幅扭曲，老闆本來想買一部影印機，多重傳播之後，最後可能買了一架戰鬥機。

更何況，人是會變的。即使決策者當初簡介時，想法真的如此，但後來決策者想法有變，設計團隊也要重新適應。但是如果連決策者最初想法也掌握不了，設計團隊打後所做的工作，只會愈來愈偏離客戶真正想擬定的路向。

十五個明星　不及一個快樂團隊

除了跟客戶溝通的問題，李永銓承認，最初成立公司時，管理上也遭遇很大挫折。那時公司的定位很自然走上一間 award winning company，公司有一半的項目是品牌設計，另一半的項目是原創雜誌海報。公司招聘了一班極具創意的設計師，不是取得金獎設計的學生，就是畢業於英國設計名校 St. Martin 的學生……一時間公司之內顆顆巨星，表面看，大家做得很愉快。可是，問題很快來了，由於創意澎湃，創作人不免帶點自我中心，結果，各自為政，內部爭拗不少，團隊凝聚力極弱。大家都搶着要做「好玩」的項目，例如海報，至於品牌設計，則視為「豬頭骨」，即使勉強接手，也不願多花心思。部份員工心態失衡：「為甚麼我一直沒有海報項目做？」李永銓今天回看當時公司處境，承認最大責任在自己身上，回想起來自己當年內心真的可能也比較偏向於海報設計，而且招聘職員時，最着重的就是對方設計的作品是否傑出。十年後，他的定位改變了，認為公司凝聚力比各自為政的十五個設計天才更重要。今天招聘職員，最看重的不是設計能力，而是那個人的思維，跟公司的思維是否接近。

李永銓說：「現在我不大看重入職者是否名校高材生、是否取得甚麼設計大獎，反而我更着重對方面試時的表現。每一個應徵者，我都預定半天時間面試，主要是透過談話，觀察對方待人處事的態度，看看對方是否一個有責任心的人，而且還要看對方為人是否正氣。」

相比起以前「設計明星聚首一堂」，今天是一間員工歸屬感更強的公司。以前難以挽留人才，很多員工做一、兩年就離開了，現在的員工年資較長，而且崗位明顯，每個人在自己工作崗位上都可以做出貢獻，有很大的滿足感。「面試時我特別注意應徵者的思維，因為設計能力可以進步，但是性格上、思維上則難以改變。」李永銓說：「我還要看他對人生目標和設計的看法，我要看他有沒有判斷黑白是非的能力，是否認同良心設計。」

所謂「良心設計」，就是視設計公司為一間「良心企業」，盡量遠離不良產品的設計，嚴拒枱底交易和回佣，不做抹黑競爭對手的行為。這些原則一直堅守，就成了公司的文化。在這種文化之下，「快樂設計」才能在這樣的公司出現。「快樂設計」脫胎自巴西球星朗拿甸奴的「快樂足球」，意思是一個人要表現出最好的技術，前提就是熱愛這項運動，在訓練和比賽前享受這項運動帶給他的一切。

由於要聘用的人，標準不是設計能力，而是態度和性格，因此，面試有時會變成心理分析。面試問題往往跟設計無關而與時事有關。有時會問面試者對香港特首人選的看法。有時會問面試者對香港那麼多人示威有何看法。有些問題故意擺設一些陷阱讓面試者掉進去。「我們請人是很認真的，所以我一定要透過很多問題，全面了解應徵者的性格。這些問題表面跟設計無關，可是，設計本來就是一個人性格和對事物判斷的延續。」

道不同　忍痛放棄大客

準確掌握客戶簡介的重心，直接與決策人見面，同時建立思維相近的團隊，是避免失敗的重要方法。如果這幾點做不到，成功不會太近，失敗不會太遠。

另外，設計公司還要有勇氣拒絕可預判為「成效不彰」的案子。

即使是一個大客，即使拒絕的決定很痛苦，可是，如果案子將來不能順利執行，不能為客戶提供最大效益，這樣的設計案子，也只能忍痛捨棄。

具體例子是一間國內極有名氣的運動品牌。最後不能為這品牌做設計，雖感可惜，但那是理性和合理的決定。設計團隊曾與這公司的高層管理開了半年會議，最後決定退出。原因是該公司想打進年輕人市場，可是，當李永銓指出該品牌要年輕化，就必須在品牌設計上擺脱該品牌一向以創辦人為銷售重點的元素，建立一條跟過去運動明星無關而與現代潮流緊扣的年輕人品牌，卻不獲對方認同。

李永銓指出，年輕人的運動服裝市場，不是運動服裝，而是街頭服裝，一個少女是很難把代表爺爺時代的運動員穿在身上的。專業而富歷史成就的運動員，其名字可以賣專業運動產品，但一定不可以賣少女產品。大部份大眾運動品牌，賣的都不是運動，而是時尚文化。

可惜，這個想法似乎與客戶代表心中所想的差距太大。

大部份客戶對本身產品有深入認識，可是，不是大部份的客戶了解市場，尤其是年輕人的市場瞬息萬變，以前年輕人喜歡成龍，今天相反，一年前極討厭陳冠希，今天又再迷上了他。即使是相差一年的兩兄弟，在今天的年輕人世界，其喜惡和價值取向也可天南地北，完全不同。因此，年輕消費層是難以掌握的，但也是最具挑戰性的。

該大陸運動品牌，至今銷售未見起色。不過，李永銓相信，該品牌只要重新擺好自己的市場定位，將來未必不可為。

設計的對象是為了大眾 不是老闆

二十年前，到二十年後，李永銓的設計有何改變？

「那時比現在的細節做得更好，現在我們牢牢抓緊整體市場大方向，在掌握消費者情緒上做得更好。」

李永銓解釋：「現在我們所做的一切，不是為了幫助老闆，而是為了幫助消費者，讓他們在市場上找到自己喜歡的產品。如果消費者不接受，客戶老闆再喜歡你的設計又有何用？一切成敗，只繫於市場。老闆或我喜歡的設計，都不代表一切。」

「我身高不夠，穿喇叭褲不好看，我不適合穿，但如果年輕人要穿，我也要給他們做這樣的設計。」即使是設計師，有時也會錯以為，個人創作和商業設計是兩個截然不同的世界。李永銓過去的海報設計，實驗性高，充滿黑色幽默，獲獎無數，可是，這些創作，真的完全不可以融進商業設計之中嗎？李永銓證明了，在某些適合的個案，兩者可以完美結合，使人產生眼前一亮的效果。

他說如果要拍電影，他會拍商業片，要賣座，但不想拍無聊的搞笑賀歲片，那些電影，觀眾看完、笑完，轉眼就把整部電影忘記。有人不喜歡做企業客戶，因為發揮創意的機會不大，可是，看完 Tommy Li 的客戶作品，如 Artmo、滿記，又會顯得十分羨慕，埋怨只有 Tommy Li 才能接到這樣好玩的企業個案。李永銓說，他近年遠離海報設計，因為他發現品牌設計挑戰更大，而且在社會上產生的影響也更大。商業世界，客戶最後只看市場效果，如果你的大膽設計成功了，以後就有更多其他客戶接受看起來大膽但經過市場驗證有成功機會的設計。

設計師是醫生　不是售貨員

設計師和客戶不是從屬關係，而是醫生和病人的關係。要聽取專業意見的是客戶，客戶付錢的原意本來就是這樣，如果客戶付錢，目的是指指點點，指揮設計師工作，那麼這個客戶來錯了地方。如果設計師容許客戶拖着自己鼻子走，最終當然無法贏得客戶尊敬。「外界經常搞錯了，設計行業根本不是政府界定的服務性行業，設計是一門專業，我們做的工作，正是客戶不懂得做的工作，客戶只是一個品牌的擁有者，客戶未必能明白市場和設計。」李永銓說：「我們是品牌醫生，用專業知識為病人診症，如果病人說，你不用給我其他藥了，你給我安眠藥好了，作為醫生竟然唯唯諾諾，這樣子你還算是醫生嗎？你不過是在零售藥房賣藥的售貨員而已。」

病人不會感激一個藥房的零售員，但如果一個醫生能治好他的病，他會永遠感激這個醫生，對這個醫生打從心底發出尊重。

賣餅驚魂 製七萬賣三千？

作為「品牌醫生」，李永銓暫時沒有「把人醫死」的經歷，最多是「虛驚一場」。話說有兩個例子，第一個例子是多年前為「皇后餅店」重新設計，李永銓在當時懷舊浪潮大環境下，摒棄所有懷舊設計，把「皇后」設計成一間「偷情 Café」，讓消費者可在這裏享受最好的咖啡、最好的西餅，享受一個滲有偷情情調的環境，然後在結賬時買一些鳥結糖給家人吃。新店一出，李永銓自己也感到滿意。不料，老闆于先生第一天就跟李永銓說，自己有點不開心，因為店子跟他想像出入太大，他想不到「皇后」會變成一間有西餅賣的咖啡店。李永銓想不到自己那麼看好的事情居然不能獲得客戶認同，他說：「于先生，我好有信心，可是，如果你沒有信心，可以把店子賣給我。」三個月之後，于先生喜形於色，對李永銓說：「我早就該知道，這方向是對的，現在反應果然很好。」

另一個例子是二零零三年為「美心西餅」做禮品盒。當時李永銓所掌握的市場調查結果是，大部份人在農曆新年買西餅送禮，預算為每盒六、七十元，可是，市場上的中產禮品盒，每盒售五百元至一千元，這個消費層不會購買每盒六、七十元的產品，而中產禮盒的市場頗大，大約總銷售量為一百萬盒。李永銓主張攻打中產禮盒市場，價錢拉低至一百八十多元，而禮盒包裝的品質和給人的感覺，則與市面上七百多元的禮盒包裝無異，預算可搶佔整個市場的7%，換言之，目標就是銷售七萬盒。

李永銓對項目非常有信心，他相信，市道不景，不少中產客會轉而選擇購買中檔但價錢相對偏低的「美心禮盒」。不料，到了年廿八，距離新年只有幾天，他收到電話，客戶說，他們只賣出了三千多盒。李永銓大為震驚，因為這個銷售量跟自己的預計相差太遠，他一度懷疑是否自己之前的計算出現了重大錯誤，他甚至想過是否要動用後備方案——把禮盒內的東西拆開來賣。但他轉念一想，又覺絕無可能，因為美心這個禮盒產品的質素，完全拍得上市場上賣七百多元的禮盒，銷量怎可能惡劣到這種程度？他馬上出去調查，發現原來當時每間餅店都在報紙附贈優惠券，市民都想等到最後階段，才決定落手買餅，結果是每家餅店的銷售高峰期都延後了。「於是我跟對方說，不怕，市民收集好優惠券後，我們的銷量會大幅回升。」結果，年初一賣了接近四萬盒。年初二宣佈售罄。

成功的個案，取決於掌握重要的市場數據。無論是戰爭、政治、經濟，誰能掌握資訊，誰就能贏得勝利。六十年代越戰美軍為何失利，原因是他們缺乏資訊，出兵時美軍竟連一張像樣的越南地圖也沒有。到近代伊拉克戰爭，美軍一周之內決勝千里，伊拉克總統薩達姆束手就擒，原因是軍事衛星已完全掌握了伊拉克所有軍事部署，於是摧枯拉朽，幾乎不費吹灰之力。

今天的品牌設計，就好像《潛行凶間》（*Inception*, 2010），要經過幾個層次才能有效進入市場，第一是良好的客戶，第二是數據，第三才是創意（即冰山定律）。

不過，如果沒有數據，在今天市場而言，再有創意的設計也不可能成功。

消費森林×品牌再生
——李永銓的設計七大法則（增訂版）

口述——李永銓
撰文——張帝莊、林喜兒
責任編輯——莊櫻妮、寧礎鋒
書籍設計——胡卓斌、關璞如
相片提供——李永銓設計廔

出版——三聯書店（香港）有限公司
香港北角英皇道四九九號北角工業大廈二十樓
Joint Publishing (H.K.) Co., Ltd.
20/F., North Point Industrial Building,
499 King's Road, North Point, Hong Kong

發行——香港聯合書刊物流有限公司
香港新界大埔汀麗路三十六號三字樓

印刷——美雅印刷製本有限公司
香港九龍觀塘榮業街六號四樓A室

印次——二〇一二年七月香港第一版第一次印刷
二〇一八年六月香港增訂版第一次印刷
二〇二〇年五月香港增訂版第二次印刷

規格——大三十二開（140mm×200mm）三八四面

國際書號——ISBN 978-962-04-4359-6

三聯書店
http://jointpublishing.com

JPBooks.Plus
http://jpbooks.plus